U0170931

建筑结构设计及优化研究

韩克鹏 著

中国商务出版社
CHINA COMMERCE AND TRADE PRESS

CONTENTS

目 录

第一章　建筑结构设计概论 ································· 1

第一节　建筑结构的类型 ······························ 1

第二节　结构设计的基本内容 ························· 3

第三节　建筑结构的作用 ······························ 9

第四节　结构的耐火设计 ······························ 10

第二章　混凝土结构材料及力学性能 ················· 16

第一节　钢筋的力学性能 ······························ 16

第二节　混凝土的力学性能 ··························· 19

第三节　钢筋与混凝土之间的黏结作用 ············· 23

第三章　建筑结构设计及优化 ························· 27

第一节　单层排架结构设计及优化 ················· 27

第二节　多层框架结构设计及优化 ················· 52

第三节　高层建筑结构设计及优化 ················· 92

第四章　建筑抗震设计及优化 ························· 107

第一节　地震作用和结构的抗震验算 ··············· 107

第二节　多层砌体结构房屋的抗震设计 ············· 114

第三节　多层钢筋混凝土框架的抗震设计 ··········· 120

第五章　钢筋混凝土结构和地基设计及优化 ········· 128

第一节　钢筋混凝土梁板结构 ······················· 128

第二节　多层钢筋混凝土框架结构 ················· 138

第三节　建筑地基基础 ······························ 148

第六章　砌体结构和钢结构设计及优化 ············· 161

第一节　砌体结构 ··································· 161

第二节　混合结构房屋 ······························ 172

第三节　钢结构 ····································· 177

参考文献 ··· 185

第一章　建筑结构设计概论

第一节　建筑结构的类型

建筑物有各种不同的使用功能要求，因此有许多类型及分类方法。

根据建筑物的用途，可以分为工业建筑与民用建筑。

根据建筑物的层数，可以分为单层、多层、高层和超高层建筑。冶金、机械等重工业厂房一般采用单层结构，民用建筑中的体育馆、展览厅等大跨度建筑也常常是单层的。多层和高层的界限，世界各国的规定不尽相同。我国《钢筋混凝土高层建筑结构设计与施工规程》中规定 8 层及以上的建筑物为高层建筑，这也是必须设置电梯的界限；在《民用建筑设计防火规范》中，规定 10 层及以上的住宅、高度超过 24m 除体育馆等大跨度公共建筑以外的其它民用建筑为高层建筑，其划分原则以我国消防车供水能力等为依据。一般将高度超过 100m 的建筑称为超高层建筑。

建筑物根据所使用的结构材料可以分为：木结构、砌体结构、混凝土结构、钢结构和混合结构等。因木材来源少且有防火要求，木结构已很少使用。由于砌体材料的抗拉性能较差，纯粹的砌体结构很少，一般与其它材料混合使用，砌体材料多用于竖向构件，如砌体—木结构、砌体—混凝土结构。混合结构是指不同部位的结构构件由两种或两种以上结构材料组成的结构（同一部位的构件由不同结构材料组成一般称为组合结构，如钢骨混凝土、钢管混凝土、组合楼板），如砌体—混凝土结构、混凝土—钢结构。

建筑物根据其结构形式，可以分为排架结构、框架结构、剪力墙结构、筒体结构和大跨结构等。

梁、柱铰接，在结构中称为排架，单层工业厂房常采用排架结构。这种结构对地基的不均匀沉降不敏感。框架又称为刚架，是目前多层房屋的主要结构形式。剪力墙结构和筒体结构主要用于高层建筑。

大跨结构包括桁架结构、网架结构、壳体结构、膜结构、拱结构和索结构。

桁架有铰接和刚接之分，铰接桁架中的杆件为轴向受力构件，刚接桁架的杆件除有轴力外，还产生弯矩和剪力。目前世界上最大的预应力混凝土桁架为贝尔格莱德机库屋盖，跨度为135.8m。1993年挪威建成的胶合层木桁架最大跨度达85.8m。

网架结构的杆件以钢管或型钢为主，有时也采用木、铝合金或塑料制作。我国第一座网架结构是1964年建成的上海师范学院球类房，平面尺寸为31.5m×40.5m。北京首都机场机库，东西方向一跨95m，南北方向两跨的门梁跨度153m。上海虹桥机场机库的跨度也达到150m。网架的形式很多，常用的有四角锥体网架、三角锥体网架和平面桁架系网架等。

壳体结构承受竖向荷载的性能非常优越，厚度可以做得很薄。常用的有穹顶、筒壳、折壳、双曲扁壳和双曲抛物面壳等，多用作屋盖结构。

日本出云的木结构圆顶，直径140.7m，是世界上最大的木结构。加拿大多伦多的多功能体育场采用了钢结构圆顶，圆形直径192.4m，可伸缩，1989年建成。世界上最大的混凝土圆顶是美国西雅图金郡圆球顶，直径202m。

筒壳分长筒壳和短筒壳，跨度与宽度之比大于1的为长筒壳。北京展览馆、上海展览馆的展览大厅采用的都是短筒壳。

折壳亦称折板，由若干厚度很薄的平板构成，形成多边形横截面，最常用的是V形截面。

1976年建成的美国波士顿机场，采用混凝土折壳，跨度76.8m，是目前世界上跨度最大的折壳。我国的预应力混凝土V形折板，最大跨度已做到30m。

双曲扁壳是由一条曲线在另一条曲线上移动构成的曲面，一般采用抛物线或圆弧形移动曲面。1959年建成的北京火车站候车大厅，采用扁壳，跨度40m。

双曲抛物面壳常称扭壳，是由一根直线沿两根不在同一水平面的直线上移动构成的曲面。

这种曲面与垂直面的相交线，一个方向为正高斯曲率抛物线，另一个方向则为负高斯曲率的双曲线，因此而得名。

膜结构又称充气薄膜结构，是在高强布罩内部充气用作建筑空间的覆盖物，自重很轻。日本东京后乐园的棒球场采用空气薄膜结构，跨度201m，高度56.19m。美国密执安州庞蒂亚光城的室内体育场，平面尺寸234.9m×183m，是目前世界上规模最大的空气薄膜结构。

拱和索结构是桥梁的主要结构形式之一，在房屋建筑中也有应用。北京工人体育馆屋顶采用了索结构，设内外两个环，两环之间的上、下层索采用高强钢丝。德国法兰克福国际机场机库为双跨悬索结构，每跨135m。

随着科学技术水平的发展和人们对建筑物新的要求，会不断出现新的结构形式和结构材料。

上述的各种基本结构形式可以组合，形成复合结构形式，如框架—剪力墙结构，网—壳结构等。不同的结构形式可以使用不同的材料，如混凝土排架结构、钢排架结构等。

建筑结构由上部结构和下部结构组成。通常将天然地坪或±0.00以上的部分称为上部结构，以下部分称下部结构。上部结构又有水平结构体系和竖向结构体系两部分组成。《工程结构设计原理》介绍的梁板结构设计即属于水平结构体系。大跨结构的种类就是根据水平结构体系进行分类的，其余的结构类型，一般根据竖向结构体系进行分类。本书主要介绍竖向结构体系的设计方法。

下部结构主要包括地下室和基础。基础可以分为柱下独立基础、墙下和柱下条形基础、十字型基础、片筏基础、箱基础和桩基础。

第二节 结构设计的基本内容

一、结构设计的程序

建筑物的设计包括建筑设计、结构设计、给排水设计、暖气通风设计和电气设计。每一部分的设计都应围绕设计的4个基本要求：功能要求、美观要求、经济要求和环保要求。功能要求是指建筑物必须符合使用要求；美观要求是指建筑物必须满足人们的审美情趣；经济要求是指建筑物应具有最佳的技术经济指标；环保要求指建筑物应符合可持续发展，成为绿色建筑。

建筑结构是一个建筑物发挥其使用功能的基础，结构设计是建筑物设计的一个重要组成部分，可以分为以下4个过程：

（一）方案设计

方案设计又称为初步设计。结构方案设计包括结构选型、结构布置和主要构件的截面尺寸估算。

1. 结构选型

结构选型包括上部结构选型和基础选型，主要依据建筑物的功能要求、场地土的工程地质条件、现场施工条件、工期要求和当地的环境要求，经过方案比较和技术经济分析，加以确定。

方案的选择应体现科学性、先进性、经济性和可实施性。科学性要求结构受力合理；先进性要求采用新技术、新材料、新结构和新工艺；经济性要求尽可能降低材料的消耗量和劳动力使用量以及建筑物的维护费用；可实施性要求方便施工。

2. 结构布置

结构布置包括定位轴线、构件布置和设置变形缝。

定位轴线用来确定所有结构构件的水平位置，一般有横向定位轴线和纵向定位轴线，当建筑平面形状复杂时，还采用斜向定位轴线。横向定位轴线习惯上从左到右用①、②、③…表示；纵向定位轴线由下至上用 A、B、C…表示。定位轴线与竖向承重构件的关系大致有三种：砌体结构定位轴线与承重墙体的距离是半砖或半砖的倍数；单层工业厂房排架结构纵向定位轴线与边柱重合（封闭结合）或之间加一个插入距（非封闭结合）；其余结构的定位与竖向构件在高度方向较小截面尺寸的截面形心重合。

构件布置就是要确定构件的位置，包括平面位置和竖向位置。平面位置通过与定位轴线的关系加以确定；竖向位置用标高来确定。

一般在建筑物底层地面、各层楼面（包括屋面）以及基础底面等位置都应给出标高值。在建筑物中存在两种标高：建筑标高和结构标高。建筑标高指建筑物建造完毕后应有的标高；结构标高指结构构件表面的标高。因楼面结构层上面一般还有找平层、装饰层等建筑层，所以结构标高是建筑标高扣除建筑层厚度（当结构层上不做任何建筑层时，结构标高与建筑标高相同）。在结构设计施工图中既可以采用结构标高，也可以采用建筑标高，而由施工单位自行换算成结构标高。建筑标高以底层地面为±0.00，往上用正值表示，往下用负值表示。

变形缝包括伸缩缝、沉降缝和防震缝。

设置伸缩缝是为了避免因房屋长度和宽度过大，温度变化导致结构内部产生很大的温度应力，造成对结构和非结构构件的损坏。

设置沉降缝是为了避免因建筑物不同部位的结构类型、层数、荷载或地质情况不同导致不均匀沉降过大，引起结构或非结构构件的损坏。

设置防震缝是为了避免建筑物不同部位因质量或刚度的不同，在地震发生时具有不同的振动频率而相互碰撞导致损坏。

沉降缝必须从基础分开，而伸缩缝和防震缝处的基础可以连在一起。在抗震设防区，伸缩缝和沉降缝的宽度均应满足防震缝的宽度要求。

由于变形缝的设置会给使用和建筑平面、立面处理带来一定的麻烦。所以尽量通过平面布置、结构构造和施工措施（如采用后浇带等）不设缝和少设缝。

3. 结构截面尺寸估算

为了进行结构分析，结构布置完成后需要估算构件的截面尺寸。构件截面尺寸一般先根据变形条件和稳定条件，利用经验公式确定，截面设计发现不满足要求时再作调整。水平构件根据挠度的限值和整体稳定条件可以得到截面高度与跨度的近似关系。竖向构件的截面尺寸根据结构的水平侧移限制条件估算，在抗震设防区，混凝土构件还应满足轴压比的限值，即轴力设计值与截面面积和混凝土抗压强度的比值。

（二）结构分析

结构分析是要计算结构在各种作用下的效应，它是结构设计的重要内容，也是本书的主要内容。结构分析的正确与否直接关系到所设计的结构能否满足安全性、适用性和耐久性等结构功能要求。

结构分析的核心问题是计算模型的确定，包括计算简图和采用的计算理论。

1. 计算简图

确定计算简图时，需要对实际结构进行简化假定。简化过程应遵循三个原则：尽可能反映结构的实际受力特性；偏于安全和简单。为了得到接近实际受力状况的计算简图，需要对各影响因素进行分析，抓住主要因素，对于一些影响较大而又难于在模型中考虑的因素，应通过其它措施加以弥补。偏于安全是工程设计的要求，这样才能使结构的可靠度不低于目标可靠度。

在满足工程精度的前提下，忽略一些次要因素，从而得到比较简单的计算模型，不仅可以大大减少计算工作量，并且有利于设计人员对结构受力特性的把握。

由于计算简图是实际结构的一种简化、近似，所以在采用某一种计算简图时，一定要了解其与实际结构的差别以及差别的变化规律，即哪些情况下差别比较大或比较小，了解其适用范围。

不动铰支座的另一个假定是支承构件对被支承构件没有转动约束。当板与次梁整浇时，次梁的扭转刚度形成了对板转动的约束能力。计算简图中忽略转动约束造成的误差，在永久荷载作用下比较小，在可变荷载最不利布置下比较大。实际计算中通过增大永久荷载，相应减少可变荷载来弥补计算简图的误差。

2. 计算理论

结构分析所采用的计算理论可以分为线弹性理论、塑性理论和非线性理论。

线弹性理论最为成熟，是目前普遍使用的一种计算理论，适用于常用结构的承载能力极限状态和正常使用极限状态的结构分析。线弹性理论假定材料和构件均是线弹性的。根据线弹性理论计算的作用效应与作用成正比，这为结构分析带来极大的便利。

塑性理论可以考虑材料的塑性性能，因而更符合结构在极限状态的受力状况。目前使用塑性理论的实用分析方法主要有塑性内力重分布和塑性极限分析方法。前者如连续梁（连续板）的弯矩调幅法，后者如双向板的塑性铰线法。

非线性包括材料非线性和几何非线性。材料非线性是指材料、截面或构件的非线性本构关系，如应力—应变关系、弯矩—曲率关系、荷载—位移关系等。几何非线性是指由于结构变形对其内力的二阶效应使荷载效应与荷载之间呈现出的非线性特性。在进行高层钢框架的结构分析时，就必须考虑竖向荷载作用下由于结构侧移引起的附加内力。结构的非线性比线弹性分析复杂得多，一般用于大型复杂结构，考虑地震、温度或收缩变形等作用下的结构分析。

3. 结构分析的数学方法

结构分析依据所采用的数学方法可以分为解析解和数值解两种。解析解又称为理论解，适用于比较简单的计算模型。由于实际工程结构并不像结构力学所介绍的计算模型那样理想化，本书介绍的大多是近似解析解。

数值解的方法很多，常用的有有限单元法、差分法、有限条法等，一般需要借助计算机程序进行计算。其中有限单元法的适用范围最广，可以计算各种复杂的结构形式和边界条件。目前已有许多成熟的结构设计和分析软件，如国内的 TBSA、TAT、PK-PM，国外的 ANSIS、SAP、ADINA。

需要说明的是，尽管目前的结构分析基本上是通过计算机程序完成的，一些程序还可以自动生成施工图，但本书重点介绍的结构分析方法是基于手算的解析解。这是因为解析解概念清晰，有助于人们对结构受力特点的把握，掌握基本概念。作为一个优秀的结构工程师不仅要求掌握精确的结构分析方法，还要求能对结构问题作出快速的判断，这在方案设计阶段和处理各种工程事故，分析事故原因时显得尤为重要。而近似分析方法可以训练人的这种能力。

（三）构件设计

构件设计包括截面设计和节点设计两个部分。对于混凝土结构，截面设计有时也称为配筋计算，因为截面尺寸在方案设计阶段已初步确定，构件设计阶段所做的工作是确定钢筋的类型、放置位置和数量。节点设计也称为连接设计。对于钢结构，节点设计比截面设计更为重要。

构件设计由两项工作内容：计算和构造。在结构设计中一部分内容是根据计算确定的，而另一部分内容则是根据构造规定确定的。构造是计算的重要补充，两者是同等重要的，在各本设计规范中对构造都有明确的规定。初学者容易重计算、轻构造。

实际上，构造的内容很广泛，在方案设计阶段和构件设计阶段均涉及到构造。需要构造处理的原因大致可以分为两大类：一类是作为计算假定的保证；另一类是作为计算中忽略某个因素或某项内容的弥补和补充。

属于第一类原因的：例如，在混凝土结构构件的设计中，总是假定钢筋与混凝土之间有可靠的握裹，这需要通过一定的钢筋锚固长度、钢筋与钢筋之间的最小净距等要求来保证；再比如，分析高层结构在水平作用下的内力和变形时，常常假定楼盖在其平面内的刚度为无限大，因而需对楼盖刚度提出要求。

属于第二类原因的：例如，在一般的房屋结构分析中不考虑温度变化的影响，相应的构造措施是规定房屋伸缩缝的最大间距；再比如，钢受弯构件的承载能力极限状态包括强度和局部稳定两项内容，但为了简化，通常不进行局部稳定计算，而用板件的宽厚比限值来控制。

（四）绘制施工图

设计的最后一个阶段是绘制施工图。图是工程师的语言，工程师的设计意图是通过图纸来表达的。如同人的语言表达，图面的表达应该做到正确、规范、简明和美观。正确是指无误地反映计算成果；规范才能确保别人准确理解你的设计意图。

二、结构设计的一般要求

为了保证建筑结构的可靠度达到目标可靠度的要求，在设计中应遵循以下基本要求。

（一）计算内容

结构构件应进行承载能力极限状态的计算和正常使用极限状态的验算，具体内容包括：

（1）所有的结构构件均应进行承载能力（包括屈曲失稳）计算，必要时尚应进行结构的倾覆（刚体失稳）、滑移和漂浮验算，处于抗震设防区的结构尚应进行抗震的承载力计算；

（2）直接承受动力荷载的构件应进行疲劳强度验算；

（3）对使用尚需要控制变形值的结构构件应进行变形验算；

（4）对于可能出现裂缝的结构构件（如混凝土构件），当使用中要求不出现裂缝时，应进行抗裂验算；当使用上允许出现裂缝时，应进行裂缝宽度验算；

（5）混凝土构件尚应进行耐久性设计。

（二）作用效应的组合

结构上数种作用效应同时发生时，应通过结构分析分别求出每一种作用下的效应后，考虑其可能的最不利组合。承载能力极限状态计算时采用作用效应设计值；对于正常使用极限状态，分别按作用的短期效应组合（标准组合或频遇组合）和长期效应组合（准永久组合）进行验算。

作用效应组合设计值在《工程结构设计原理》中已给出。该表达式需要找出荷载效应最大的一项可变荷载，其余的可变荷载采用组合值，使用上比较麻烦。对于常用的建筑结构可采用简化方法。

对于一般的框架、排架结构的非抗震设计，由可变荷载效应控制的组合，当仅考虑一项可变荷载时，组合值系数为 1；有两项或两项以上可变荷载参与组合时，简代荷载组合值系数取 0.90。但对于由永久荷载效应控制的组合，仍需采用基本组合。

抗震设计时，风荷载的组合系数取 0.2，其余可变荷载组合系数取 1。一般情况下仅考虑水平地震作用，但对于 9 度设防区及高度超过 60m 的 8 度设防区建筑还需考虑竖向地震作用。

（三）内力组合

对处于复合受力的结构构件，需要进行内力组合。梁作为受弯构件，起控制作用的内力包括弯矩和剪力，需要组合最大弯矩（包括负弯矩）以及相应的剪力，最大剪力以及相应的弯矩。

柱和剪力墙等偏心受力构件，需要组合最大弯矩（包括负弯矩）以及相应的轴力和剪力，最大轴力以及相应的弯矩和剪力，最小轴力以及相应的弯矩和轴力。

（四）抗震设计

我国的抗震设防烈度为 6 度~9 度。建筑结构根据所在地区的烈度、结构类型和房屋高度采用不同的抗震等级，分为一、二、三、四 4 个等级。对应不同的抗震等级，有不同的计算和构造要求。

第三节　建筑结构的作用

一、建筑结构作用的种类

在《工程结构设计原理》中，已对工程结构受到的各种作用进行了介绍。对于建筑结构，最常见的作用包括：构件和设备产生的重力荷载、楼面可变荷载（屋面还包括积灰荷载和雪荷载）、风荷载和地震作用。以上的重力荷载为永久荷载，地震作用为偶然荷载，其余均为可变荷载。其中重力荷载和楼面可变荷载是竖向荷载；风荷载是水平荷载；地震作用包括水平和竖向两个方向，但9度设防区才考虑竖向地震作用，一般仅考虑水平地震作用。

在设有吊车的工业厂房中，还有吊车荷载，吊车荷载属于可变荷载，包括竖向荷载和水平荷载。在地下建筑的设计中还涉及到土压力和水压力，在储水、料仓等构筑物中则分别有水的侧压力和物料侧压力。

温度的变化也会在结构中产生内力和变形。对于烟囱、冷却塔等构筑物设计时必须考虑温度作用。一般建筑物受温度变化的影响主要有三种：室内外温差、日照温差和季节温差。目前，建筑物在温度作用下的结构分析方法尚不完善，对于单层和多层房屋，一般采取构造措施，如屋面隔热层、设置伸缩缝、增加构造筋等，而在结构计算中并不考虑。对于30层以上或100m以上的超高层建筑，在结构设计中需要考虑温度作用。

二、荷载代表值

对于不同的设计内容，荷载将以不同的代表值出现。永久荷载以标准值作为其代表值，可变荷载根据设计要求分别以标准值、组合值、频遇值或准永久值作为代表值。

荷载标准值是指其在结构使用期间可能出现的最大荷载值。由于荷载本身的随机性，因而使用期间的最大荷载也是随机变量。《建筑结构设计统一标准》（以下简称《统一标准》）以设计基准期最大荷载概率分布的某个分位值作为该荷载的代表值。

当有两个或两个以上可变荷载在结构上要求同时考虑时，由于所有可变荷载同时达到其单独出现时可能达到的最大值的概率极小，因此，除主导荷载仍以其标准值为代表值外，其它伴随荷载均取小于标准值的组合值作为荷载代表值。可变荷载组合值为可变荷载标准值乘以荷载组合值系数。

频遇值是指在结构上时而出现的较大荷载值，计算时取可变荷载标准值乘以荷载频遇值系数。

准永久值指在结构上经常作用的荷载值，计算时取可变荷载标准值乘以准永久值系数。

一般情况下，结构或非结构构件自重构成的重力荷载因变异性不大，以平均值作为标准值，即可按设计规定的尺寸和材料的平均重度确定。但对于像屋面保温层、找平层等变异性较大的构件，应根据该荷载对结构有利或不利，分别取其自重的下限值和上限值。

第四节　结构的耐火设计

火灾是建筑物较常遭遇的意外侵害，据统计，1993～1997年的5年中，我国平均每年发生火灾3.8万起，死亡人数2500余人，直接经济损失12.1亿元。1994年12月8日发生在新疆克拉玛依市的友谊馆火灾造成323人死亡，130人受伤；2000年12月25日在河南洛阳市东都商厦的火灾造成305人死亡。这些特大火灾严重地威胁着人民的生命财产安全。

建筑防火涉及到防火分区设计、安全疏散设计、建筑灭火系统、火灾自动报警系统、结构耐火设计、装修防火设计等诸多方面。其中结构耐火设计是为了保证火灾发生时以及发生后结构的整体稳定性，不至于整体倒塌，从而为人员的疏散赢得时间，为消防人员扑救火灾创造安全环境，为灾后修复提供有利条件。

一、结构构件的耐火性能

判定建筑材料高温性能的指标有5个：燃烧性能、力学性能、发烟性能、毒气性和隔热性能。而衡量结构构件耐火性能的指标有两个：燃烧性能和耐火极限。

（一）构件的燃烧性能

结构构件的燃烧性能反映了遇火烧或高温作用时的燃烧特点，它是由结构构件材料的燃烧性能决定的。不同结构材料的燃烧性能分为三类：不燃烧体、难燃烧体和燃烧体，它们由标准燃烧试验确定。不燃烧体在空气中受到火烧或高温作用时，不起火、不微燃、不碳化。难燃烧体在空气中受到火烧或高温作用时，难起火、难微燃、难碳化，当火源移走后，燃烧或微燃立即停止。

（二）耐火极限

结构构件的耐火极限是指在标准耐火试验中，从构件受到火的作用起，到失去稳定性或完整性或绝热性为止的时间，以 h 计。

测定构件的耐火极限是通过燃烧试验炉进行的，明火加热。构件的耐火时间除了与材料本身的性能有关外，还与升温过程、受火条件有关，要确定耐火极限，还涉及到失去稳定性、完整性和绝热性的判别条件。

为了模拟火灾发生时结构构件的实际受火状态，对不同部位的构件采用不同的受火条件。墙：一面受火；楼板：下面受火；梁：两侧和底面共三面受火；柱：所有垂直面受火。

判别构件达到耐火极限三个条件中失去稳定性是指构件在试验中失去支撑能力或抗变形能力。当试验过程中发生坍垮，则表明已丧失承载能力；对于梁或板，当试件的最大挠度超过跨度的 1/20，即认为失去抗变形能力；对于柱子，试件的轴向变形速率超过 3H（mm/min），则表明试件失去抗变形能力，其中 H 为试件在试验炉内的受火高度，以 m 计。

失去完整性是指当构件一面受火作用时，出现穿透性裂缝或穿火孔隙，使其背火面可燃物燃烧起来，从而使构件失去阻止火焰和高温气体穿透或失去阻止其背火面出现火焰的性能。失去绝热性是指构件失去隔绝过量热传导的性能，试验中以背火面测点平均温度超过初始温度 140℃，或背火面任一测点温度超过初始温度 180℃为标志。

《建筑构件耐火试验方法》对耐火极限的判定分三类构件：分隔构件、承重构件和具有承重、分隔双重功能的构件。

隔墙、吊顶、门窗等分隔构件并不承重，以完整性和绝热性两个控制条件作为判别依据；梁、柱、屋架等承重构件因不具备隔断火焰和过量热的功能，以稳定性单一条件作为判别依据；承重墙、楼板等承重分隔构件以稳定性、完整性和绝热性三个控制条件作为判别依据。

（三）影响耐火极限的因素

对于承重构件，耐火性能主要与稳定性有关，其影响因素主要有：

（1）构件材料的燃烧性能。

（2）有效荷载量值。所谓有效荷载是指构件受火时所承受的实际重力荷载。有效荷载大，产生的内力大，构件容易失去稳定性，因而耐火性差。

（3）钢材品种。不同品种的钢材，在温度作用下的强度下降幅度不同，高强钢丝最差、普通碳素钢其次，普通低合金钢最优。

（4）材料强度。材料强度高，耐火性能好。

（5）截面形状和尺寸。表面积大的形状，受火面多，温度容易传入内部，耐火性差；

构件截面尺寸大，热量不易传入内部，耐火性好。

（6）配筋方式。当大直径钢筋放置内部，小直径钢筋放置外部，则较多的钢筋处于温度较低的区域，强度损伤少，耐火性好。

（7）配筋率。因钢筋的强度损伤大于混凝土，所以配筋率高的构件耐火性差。

（8）表面保护。抹灰、防火涂料等可以提高构件的耐火性。

（9）受力状态。轴心受压柱的耐火性优于小偏心受压柱，小偏心受压柱优于大偏心受压

柱。

（10）结构形式和计算长度。连续梁等超静定结构因受火后产生塑性内力重分布，降低控制截面的内力，因而耐火性优于静定结构；柱子的计算长度大，纵向弯曲作用越明显，耐火性越差。

（四）提高耐火极限的措施

提高结构构件耐火极限的有效措施可以分为两大类：设计构造和防护层。

在设计方面，适当增加构件的截面尺寸对提高构件耐火极限非常有效。此外，对于混凝土构件增加保护层厚度，是非常简便而又常用的一种措施。混凝土构件的耐火性能主要取决于钢筋的强度变化。增加保护层厚度可以延缓热量向内部钢筋的传递速度，使钢筋强度下降得不致于过快，从而提高构件的耐火能力。

通过改善结构的细部构造，也能起到提高耐火性能的目的。如增加构件的约束可以减少挠曲；对易受高温影响的部位（如凸角、薄腹）进行加强或尽量避免；增加钢筋的锚固长度和改变锚固方式（如将直线锚固改为吊钩、弯钩或机械锚固）；处理好构件之间的接缝，防止发生穿透性缝隙。

构件的防护层大致有三类：耐火保护层、耐火吊顶和防火涂料。钢构件的耐火性能比较差，未加任何保护措施的钢构件的耐火极限一般仅为 0.25h，无法满足防火设计的要求。所以钢结构常常需要做防护层。

对于像网架、屋架一类的钢构件，通过防火吊顶，可以使钢构件的升温大大延缓。

防火涂料在火焰高温作用下能迅速膨胀发泡，形成较为结实和致密的海绵状隔热泡沫层或空心泡沫层，使火焰不能直接作用于基材上，有效阻止火焰在基材上的传播和蔓延，从而达到阻止火灾发展的作用。

防火涂料的种类很多，根据涂层厚度可以分为薄涂型和厚涂型。薄涂型厚度在 2 ~ 7mm，用于钢构件时，耐火极限可以达到 0.5 ~ 1.5h；厚涂型厚度在 8 ~ 50mm，耐火极限可以达到 0.5 ~ 3.0h。

目前，我国结构的耐火设计方法是根据建筑设计防火规范，确定与建筑物耐火等级相对应的所有结构构件应具有的耐火时间，要求所设计的结构构件的耐火极限大于应具有的耐火时间。

1. 确定建筑物耐火等级的主要因素

建筑物的耐火等级分 4 级，考虑建筑物的重要性、火灾的危险性、建筑物高度、火灾荷载等 4 个方面的因素。

建筑物的重要性决定了一旦发生火灾所造成的经济、政治和社会等各方面负面影响的大小，是确定建筑物耐火等级的重要因素。如生命线工程，重要文物、资料的存放场所，火灾带来的危害往往是灾难性的和不可弥补的，因而耐火的等级应该高些。

火灾危险性大，意味着火灾发生的可能性大。在工业建筑中，存放易燃、易爆物品的建筑物，火灾的危险性大；在民用建筑中，一般住宅的火灾危险性小，而人员密集的大型公共建筑的危险性大。火灾危险性是确定工业建筑耐火等级的主要依据。

建筑物高度越高，火灾时人员的疏散和火灾扑救越困难，损失也越大。因而高度较大的建筑应该选定较高的耐火等级。

火灾荷载是衡量建筑物室内所容纳可燃物数量多少的一个参数。建筑物内的可燃物分为固定可燃物和容载可燃物。前者指墙壁、楼板等结构材料及装修材料所使用的可燃物以及固定家具采用的可燃物；后者指室内存放的可燃物。可燃物的种类很多，为了有一个统一的衡量标准，将各种可燃物根据燃烧热量换算成等效发热量的木材。火灾范围内单位地板面积的等效可燃物木材的重量定义为火灾荷载，用 q 表示。火灾荷载的单位与一般重力荷载相同。

使用上常用火灾荷载密度来衡量其大小。火灾荷载的密度定义为房间中所有可燃物完全燃烧所产生的总热量与房间的特征参考面积之比。房间的特征参考面积可采用地板面积或室内总表面积。当采用地板面积时，火灾荷载密度与火灾荷载有以下关系：

$$q_F = qH_0$$

式中　　H_0——单位重量木材的发热量；

　　　　q_F——火灾荷载密度。

显然，荷载越大，发生火灾时，火灾持续燃烧的时间越长，火场温度越高，对建筑物的破坏作用也大。

2. 建筑物的耐火等级

工业建筑的耐火等级主要根据生产过程的火灾危险性分类和储存物品的火灾危险性分类确定，此外还考虑建筑物的规模大小和高度等因素。生产和储存物品的火灾危险性分成甲、乙、丙、丁、戊 5 类。一般情况下，甲、乙类生产厂房应采用一、二级耐火等级的建筑；丙类生产厂房的耐火等级不应低于三级。

民用建筑耐火等级主要依建筑物的重要性和使用功能来确定。重要的公共建筑应采用一、二级耐火等级；一般的民用建筑可以采用三级火四级耐火等级。

高层建筑的耐火等级分为一、二级。

二、结构耐火设计的发展趋势

（一）我国现有设计方法的缺陷

我国现有的结构耐火设计方法非常简单，使用起来很方便，但存在以下缺陷：

（1）建筑物耐火等级的选定不易操作。目前，建筑物功能趋于复杂化和综合化，不同功能区域的火灾性状差别很大，设计值无法选择合理的建筑物耐火等级。

（2）构件的耐火极限要求不够合理。火灾荷载这一重要因素考虑得不够充分。在相同火灾荷载情况下，火灾的发展性状还与失火房间的大小、形状、开窗面积等因素有很大关系，现有方法没有考虑这些因素。

（3）构件耐火极限的确定方法不够科学。规范所给出的耐火极限值主要根据一定条件下的有限次试验结果，不能涵盖所有的因素。特别是，实际结构的耐火极限与火灾发生时构件的应力水平密切相关，即结构丧失稳定性是重力荷载和火灾荷载共同作用的结果。现有方法没有反映这一特点。

（二）国际上先进的耐火设计程序

国际上较为先进的结构耐火设计过程大致为：

（1）根据失火分区具体情况，如火灾荷载大小、通风参数、分区材料的热参数，预测分区的火灾温度—时间关系，以此曲线作为结构构件的受火条件；

（2）建立结构构件的热传导微分方程，输入构件材料的热参数和边界条件，求解构件截面的温度场；

（3）由结构理论建立构件抗力计算模型，按温度场计算结果确定相应的材料设计参数，并计算出结构的抗力 R_F；

（4）确定火灾时结构可能承受的重力荷载，并计算出重力荷载和火灾荷载共同作用下的荷载效应 S_F；

（5）比较抗力和荷载效应，如 $R_F \geqslant S_F$ 则认为满足要求，如 $R_F < S_F$ 则修改设计参数，

直至满足要求。

（三）结构材料的高温力学性能

研究结构在高温下的抗力模型涉及到结构材料的高温力学性能。下面简单介绍常用的建筑钢和混凝土的高温力学性能。

尽管钢材是一种不燃烧体，但高温下其力学性能有较大的变化。实验表明，当温度低于 300℃ 时，钢材的强度略有提高，而塑性降低；当温度高于 300℃ 时，强度降低而塑性增加。将钢在某一温度下的实际屈服强度定义为有效屈服强度 σ_{yT}，则超过 300℃ 后，σ_{yT} 随温度增加大致成线性下降。

第二章　混凝土结构材料及力学性能

第一节　钢筋的力学性能

钢筋力学性能检测以及机械连接是保障钢筋应用效果的重要方式，但是钢筋力学性能检测及机械连接过程中依旧存在很多问题，这将严重影响检测的结果以及连接的效果，不能保障钢筋使用过程中的质量和安全性。

一、钢筋力学性能检测的内容及钢筋机械连接

钢筋力学性能主要是指钢筋在受到外界作用力的作用下出现的一系列的应力和应变，起到把握建筑钢筋质量的性能规律的作用。钢筋力学性能检测是通过一定的程序和方式，具体按照既定的方式对钢筋力学性能进行检测的方式。通过结合钢筋力学的性能在建筑工程合理运用的重要性，从而更好地提升钢筋的性能。对于钢筋性能检测的方式主要有钢筋屈服强度的检测、钢筋极限抗拉强度的检测以及钢筋延伸率和冷弯性能的检测。前两个检测内容主要反映的是钢筋的承载能力大小，而后两个检测内容则主要反映的是钢筋的塑性以及其是否存在着内应力和缺陷。

钢筋连接是钢筋和连接件在咬合作用之后，又或者是在钢筋的端头进行承压作用力的条件下，将钢筋一头连到另一头的方式。钢筋连接头种类较多，其中有：熔融金属充填接头、锥螺纹接头、套筒挤压接头、钦粗直螺纹接头、滚轧直螺纹接头以及水泥灌浆充填接头。钢筋在受到拉力强度以及高应力的作用条件下，就会产生变形，这个过程当中反复拉压性能就会出现差别化，具体分为以下几大类：Ⅰ级接头：对于这种钢筋接头，由于抗压强度会大于实际的钢筋拉力的强度，使用 1.1 倍钢筋的抗拉强度相应的标准值，根据这种接头，我们可以更好地运用钢筋的高延性以及反复拉压的性质；Ⅱ级接头：对于这种钢筋接头的抗拉强度会大于连接钢筋的实际抗拉强度，并且这种钢筋具有很强的延展性；Ⅲ级接头：此种接头其抗拉强度应大于或等于 1.25 倍的被连接钢筋的标准屈服强度值，而且其有一定延性和反复拉压的性能。

二、钢筋力学性能检测相关问题

在混凝土结构当中，钢筋发挥着重要作用，并且作为钢筋结构的重要构件之一，对于钢筋的结构具有稳定性的意义，因此，进行钢筋力学性能检测，能有效的保障建筑的施工质量，提升建筑结构的承载能力。

（一）钢筋力学性能检测

对于钢筋的力学性能，主要是由于钢筋受到外部作用力而表现出来的一种变形状态，结合钢筋力学性能进行相应的检测，能够更好地保证钢筋符合相应的力学需求，对建筑施工的数据提供一定的参考。钢筋力学性能的检测，首先要遵循一定的程序和规范，并结合实际需求做出一套完善的检测方式，通过监测钢筋的性能和延伸度能更好地保证钢筋的使用效率。对于钢筋的延伸度，主要是用来检测钢筋的塑性，而钢筋的抗拉主要检测钢筋的承载能力。

（二）试验操作过程中的影响因素

对于钢筋力学性能检测，需要由专业检测人员进行完成，并且这个操作过程需要据科学规范进行，这对于钢筋力学性能有着直接性的影响。在实际的钢筋检测过程当中，检测人员专业知识不够，那么在具体的操作过程当中，可能会导致检测的数据产生误差。通过结合钢筋检测相应的数据，期间可以发现很多的检测人员对于钢筋检测的专业性不够、检验队伍的整体素质低下。并且对于检测单位而言，其人员流动性强，这对于检测的最终效果会有很大的影响，检测效率低下，并且检测工作无法得到有效的落实。

（三）检测设备对钢筋的影响因素

在钢筋检测过程当中，钢筋检测设备对检测结果有直接的影响。在进行钢筋检测过程当中，设备是否处于正常的运行状态，将对钢筋检测结果产生影响，如果设备发生了故障，这将大大的影响检测的正常进行，并且无法保障钢筋检测结果的真实有效性，检测的各项指标存在很大的差别，但是在实际的钢筋检测过程当中时常会发现设备保养和维修不恰当，从而导致设备不能正常的运行。

（四）试验操作环境对钢筋检测的影响

钢筋检测的具体环境是会钢筋检测过程的，且检测环境对于钢筋检测的结果有着莫大的联系，使得检测结果不真实。如果检测过程当中环境的湿度大，温度高，那么检测结果将会出现误差，在这种环境下检测，将会对钢筋材料的最终结果产生影响。例如，在干燥的环境下开展钢筋材料检测工作，那么钢筋中的水分就会被直接的吸收，导致锈蚀。可能会影响钢筋材料的重量偏差，使得钢筋材料的检测结果存在误差。改善钢筋检测环境，提高相关检测人员的工作环境，有利于提高他们的检测积极性。

三、钢筋机械连接的相关问题分析

（一）钢筋机械连接的取样问题

在进行钢筋机械检测中，首先要对钢筋进行取样选择，然后再根据样品进行试验。连接在机械连接取样过程中，有时可能会存在检测结果失真，存在检验样品与大批量的生产材料之间并不匹配，造成取样结果缺乏真实性。例如，在对每一批接收的样品，钢材不能符合实际的检测规定，以及进行科学合理的等级评定，那么将无法对钢筋接头的拉伸强度进行有效的检测。与此同时，在进行钢筋连续取样之后，需要进行封存包装，不得让产品发生化学反应，影响其化学性能。尤其在 2018 年后，厦门监督站出台了相关规定对机械连接的套筒标识，样品状态，以及试毕留样，都做出了严于标准的规定。

（二）套丝前钢筋端头不平整问题

在进行钢筋套丝操作之前，如果没有对钢筋的端头进行切片处理，从而导致钢筋连接处存在问题，根据相关的数据研究可知，在实际的施工过程当中，经常会对钢筋端头进行切平处理操作，这样才不会影响钢筋正常使用质量。在此之外，直螺纹钢筋接头不平整的问题，会导致钢筋的连接扭矩不符合相应的设计要求，那么接头处会由于受到外界的作用条件下出现变形。

四、避免出现钢筋力学性能检测和机械连接问题的对策

（一）钢筋力学性能检测问题避免对策

钢筋力学性能检测过程当中有检测标准不适宜、不明确以及人员综合素质低下等问题，针对这些问题，首先，要明确钢筋检测相应的规范和标准，再通过深入的研究检测要求的基础上开展相应的检测工作。其次，在钢筋检测设备的适用范围和进度会与不同的钢筋检测之间进行匹配，从而避免出现较大的设备出入，应当使检测钢筋的力学值落在仪器

检测范围的 20%~80%。最后，通过加强钢筋检测人员的综合素质进行定期培训考核的机制保障，钢筋检测工作人员具有相应上岗能力，避免因人员引起的钢筋检测问题出现。

（二）钢筋机械连接问题避免对策

钢筋机械连接是钢筋施工的重要环节，其连接质量直接对钢筋混凝土结构的安全稳定性产生直接的影响。为了有效地避免连接质量问题，可以从以下几方面着手处理：首先通过加强钢筋连接性能和型号，结合混凝土的结构，发挥其不同的强度。根据强度的要求定为一号接头，二号接头以及三号接头的形式；其次，在钢筋连接处搭设一个使用区域，从而更好地保证钢筋受到中间拉力的强度标准；其三，在钢筋机械连接的部位，更好地遵循应力最小的原则，避开抗震的要求区域；其四，在钢筋机械连接之后，通过检测接头部分，可以采取相对比例的抽检方式，对于抽检不合格的地方，要进行严格对比，及时做好更换和维修的准备工作。

总而言之，对于钢筋力学性能检测以及机械连接施工之中，要根据钢筋的检测数据进行严格的把控，并对钢筋连接部位进行切平处理，通过保障机械连接的牢固性，保证钢筋混凝土的结构符合相应的使用标准，提升建筑结构的安全性和有效性。

第二节 混凝土的力学性能

随着社会的不断发展，废弃橡胶越来越多，由于橡胶在自然条件下难以降解，造成了严重的黑色污染，给环境带来了很大压力，若能将废弃橡胶破碎后作为掺合料或骨料掺入到混凝土中，不仅可以缓解环境压力，而且有助于实现建筑业的节能减排，是一种切实可行的废弃橡胶资源化利用方式。

橡胶混凝土是以混凝土作为基体，掺入橡胶粉末或橡胶颗粒后所制成的水泥基复合材料。普通混凝土的延性、耐疲劳、抗冲击等性能较差，而橡胶具有良好的延性与韧性，将橡胶作为骨料掺入到混凝土中能较好地改善混凝土的延性、耐疲劳、抗冲击等性能。因此，近年来国内外土木工程材料领域的诸多学者对橡胶混凝土开展了广泛而深入的研究，并取得了大量研究成果。本节结合橡胶混凝土的国内外研究现状，主要介绍橡胶混凝土的力学性能与耐久性能，指出目前橡胶混凝土研究中存在的不足，并提出橡胶混凝土未来的研究方向，以期为橡胶混凝土在土木工程领域中的应用提供参考。

一、橡胶混凝土力学性能研究进展

(一) 基本力学性能

国外对橡胶混凝土的研究较早，20 世纪末，ELDIN 等通过试验研究发现，利用细橡胶颗粒全部替代砂后，混凝土的抗压强度和劈裂抗拉强度分别降低了 65% 和 50%；利用粗橡胶颗粒全部替代碎石后，混凝土的抗压强度和劈裂抗拉强度分别降低了 85% 和 50%。TOPÇU 利用粗、细橡胶颗粒分别替代碎石、砂，研究了粗、细橡胶颗粒掺量对混凝土抗压强度和劈裂抗拉强度的影响，发现掺入橡胶颗粒后，混凝土的抗压强度和劈裂抗拉强度降低；此外，与对照组相比，在橡胶颗粒掺量为 45% 的情况下，利用细橡胶颗粒制备的混凝土强度降幅较利用粗橡胶颗粒制备的混凝土强度降幅低。KHATIB 等研究了粗、细橡胶颗粒分别替代砾石、砂对混凝土抗压强度和劈裂抗拉强度的影响，结果表明，随着橡胶颗粒掺量的增加，混凝土的抗压强度和劈裂抗拉强度降低；从强度降幅来看，橡胶颗粒的适宜掺量不应大于 20%。此外，WONG 等、ASLANI 研究也表明，在混凝土中掺入橡胶颗粒会使混凝土的强度降低。

国内对橡胶混凝土的研究起步相对较晚，但研究进展较快。刘日鑫等研究了橡胶颗粒掺量对混凝土抗压强度的影响，发现混凝土的抗压强度随着橡胶颗粒掺量的增加而降低，当橡胶颗粒掺量小于 10% 时，抗压强度降幅较小。刘春生研究了橡胶颗粒替代砂对混凝土力学性能的影响，结果表明，随着橡胶颗粒掺量的增加，混凝土的抗压强度降低，且弹性模量降至 3×10^4 MPa 以下。刘锋等研究了橡胶颗粒对混凝土抗压性能的影响，并提出了橡胶混凝土的强度计算公式和单轴受压本构方程，结果表明，相较于对照组，橡胶混凝土破坏时的表面裂纹较少，试件完整性较好，但抗压强度降低，应变急剧增大，随着加载的继续，试件表面竖向裂纹不断增多，承载力逐渐下降，表现出与对照组不同的破坏形式。薛刚等研究了低温环境下橡胶混凝土的抗折性能，结果表明，低温条件下橡胶混凝土的抗折破坏形态与常温条件下基本一致，破坏时能够保持一定的完整性；此外，随着橡胶颗粒掺量的增加，试件的抗折强度降低，低温下橡胶混凝土的折压比与常温相比有所提高，表明橡胶混凝土在低温下仍具有良好的韧性。

综上可知，橡胶混凝土的力学强度普遍低于普通混凝土的力学强度，为此，有学者提出了对橡胶进行改性处理，以提高橡胶混凝土的力学强度。何亮等对橡胶进行磺化-脲化改性处理，并替代部分砂配制混凝土，结果表明，磺化-脲化处理后，橡胶颗粒表面的浸润类型由憎水性变为了亲水性，提高了橡胶颗粒与水泥基体的界面相互作用，进而延缓了橡胶混凝土力学性能下降的趋势，且当改性橡胶颗粒掺量不大于30%时，混凝土的抗压强度可达到30 MPa以上，能够满足中等强度混凝土的使用要求。谢建和等将硅粉掺入到橡胶混凝土中，发现硅粉增强了橡胶混凝土中砂浆与骨料之间的黏结力，改善了橡胶混凝土的延性，提高了橡胶混凝土的抗压强度。高丹盈等研究了纳米SiO_2对橡胶混凝土高温下力学性能的影响，结果表明，纳米SiO_2的掺入提高了橡胶混凝土的密实性，对橡胶混凝土的抗压、劈裂抗拉强度有明显的增强效果。

（二）耐疲劳性能

在实际交通工程中，路面结构除了承受静荷载外，还常常承受交变荷载。路面结构会因反复承受荷载作用而产生交替变化的应变，导致路面在低于静载设计值时发生疲劳破坏。已有研究表明，在混凝土中掺入橡胶颗粒，虽然会使混凝土的强度有所下降，但能有效改善混凝土的延性、抗冲击性、耐疲劳性等性能。橡胶混凝土在交通工程中的应用前景良好。

XIAO等研究表明，与传统沥青混凝土相比，橡胶沥青混凝土具有优异的吸能与耗能性能，耐疲劳性能良好，作为路面材料时的长期性能得到了有效改善。LIU等、王立燕等、郑万虎对橡胶混凝土的受载疲劳过程进行了研究，结果表明，橡胶混凝土的疲劳过程共有三个阶段，分别为内部损伤形成阶段、裂缝稳定扩展阶段和失稳扩张阶段；橡胶混凝土在破环过程中具有一定的塑性，在相同的应力水平下，橡胶混凝土的损伤发展较普通混凝土更为缓慢，损伤程度更低，即橡胶混凝土的疲劳性能优于普通混凝土。冯文贤等通过试验研究了橡胶混凝土的三点弯拉疲劳性能，结果表明，橡胶混凝土的抗压强度与普通混凝土相比虽然有所降低，但其延性和韧性明显提高，疲劳性能得到了有效改善，使用寿命明显延长。高清、ALSAIF等采用有限元方法分析了橡胶混凝土的疲劳性能，有效减少了疲劳性能测试所需的时间，为橡胶混凝土的疲劳性能研究和使用寿命预测提供了新方法。

二、橡胶混凝土耐久性能研究进展

混凝土的耐久性能是指混凝土抵抗环境介质作用并能长期保持其良好的使用性能和外观完整性，从而维持混凝土结构正常、安全使用的能力。橡胶混凝土作为一种新兴的土木工程材料，随着其力学性能研究日益成熟，学者们将研究方向扩展到了耐久性能方面。本节主要介绍橡胶混凝土的抗冻性能和抗碳化性能。

（一）抗冻性能

在实际工程中，为了提高混凝土的抗冻性能，传统做法是在混凝土中掺入一定量的引气剂。现有研究表明，橡胶颗粒具有引气作用，其相当于一种固体引气剂，掺入橡胶颗粒能有效改善混凝土的抗冻性能，改善效果甚至优于一般引气剂。但并非橡胶颗粒掺量越大，对混凝土抗冻性能的改善效果越好。陈疏桐等研究发现，掺入橡胶颗粒可有效提高混凝土的抗冻性能，其中，10%掺量的橡胶颗粒对混凝土冻融过程中的质量损失有较好的控制作用，但掺量过多时效果不明显。RICHARDSON 等对普通混凝土、未洗涤橡胶混凝土和洗涤橡胶混凝土进行了冻融试验，结果表明，在同等冻融条件下普通混凝土的损伤明显，而两种橡胶混凝土只产生了较少表面结垢与内部损伤；进一步通过 SEM 表明，橡胶颗粒可以夹带空气引入混凝土内部，体现了一定的引气功能，从而增强了混凝土的抗冻性能。

RICHARDSON 等研究了橡胶颗粒的粒径（0.5~2.5 mm）对混凝土含气量、抗冻性能的影响，结果表明，当橡胶颗粒的粒径为 0.5 mm 时，引气效果最佳，混凝土的冻融损伤程度最低。王涛等研究表明，粒径为 0.18 mm 的橡胶颗粒能起到引气的作用，增大混凝土含气量，从而提高混凝土的抗冻性能，且当橡胶颗粒掺量在 0~90 kg/m³ 范围内时，混凝土的抗冻性能随着橡胶颗粒掺量的增加而提升。陈胜霞等研究发现，掺粒径为 0.15 mm 橡胶颗粒的混凝土抗冻性能优于掺粒径为 3~4 mm 橡胶颗粒的混凝土抗冻性能，且掺橡胶颗粒的混凝土在冻融破坏后未发生溃散现象。许金余等研究表明，橡胶颗粒粒径越小，混凝土经冻融后的质量损失率越低，抗冻性能越好；此外，随着橡胶颗粒掺量的增加，混凝土经冻融后的质量损失率先减小后增大，相对动弹性模量则先增大后减小；从提高抗冻性能的角度出发，橡胶颗粒的最佳粒径和掺量分别为 0.425 mm 和小于 100 L/m³。韩瑜等研究则表明，粒径为 0.125 mm 的橡胶颗粒对混凝土抗冻性能的改善效果最好。徐金花等研究表明，掺入橡胶颗粒能明显改善混凝土的抗冻性能，且橡胶颗粒的粒径越小，对混凝土抗冻性能的改善效果越好，当掺入 5%~10% 的粒径≤0.27 mm 的橡胶颗粒时，混凝土的抗冻性能得到了有效改善。

（二）抗碳化性能

混凝土的碳化破坏是指水泥石中的水化产物与空气中的 CO_2 反应生成碳酸盐和其他物质，使混凝土内部结构发生变化，降低水泥混凝土的 pH 值，使钢筋更易锈蚀，从而影响混凝土结构的耐久性能。

袁群等研究表明，橡胶混凝土在碳化 3 d 时的抗碳化性能较对照组有所改善，而碳化 7 d、14 d、28 d 后，橡胶混凝土的碳化深度均大于对照组的碳化深度，且随着橡胶颗粒粒径的增加，混凝土的抗碳化性能降低；掺入 15%~20% 的粒径为 1~3 mm 橡胶颗粒混凝土的抗碳化性能较对照组得到了改善。于群等研究则表明，橡胶颗粒的掺入对混凝土的早期抗碳化性能不利，但能有效提升混凝土的后期抗碳化性能；橡胶颗粒的粒径越小，混凝土的抗碳化性能相对越好。李科成等研究表明，在混凝土中掺入粒径为 0.6 mm 的橡胶颗粒，且当橡胶颗粒的掺量小于 10% 时，混凝土的碳化主要发生在 14 d 后；而当橡胶颗粒的掺量大于 20% 时，混凝土的碳化则从 7 d 开始加速。

综上所述，目前关于橡胶颗粒对混凝土抗碳化性能的影响规律不一致，后续还须进行深入研究。可从微观角度入手，深入分析橡胶颗粒在混凝土内部的作用机理。

本节主要介绍了国内外关于橡胶混凝土基本力学性能、疲劳性能、抗冻性能、抗碳化性能的研究现状。橡胶颗粒的掺入虽然会使混凝土的强度降低，但能有效改善混凝土的耐疲劳、抗冻等性能，这使得橡胶混凝土在道路交通工程中具有较好的应用前景。

橡胶混凝土在力学性能、抗碳化性能等方面的不足在一定程度上限制了其应用范围，且目前橡胶颗粒在混凝土中应用的掺量较小，如何实现废弃橡胶的高效资源化利用也是需要考虑的问题。为此，有必要采取一定的措施来改善橡胶混凝土的力学性能和抗碳化性能，提高废弃橡胶的利用率，如对橡胶颗粒进行改性处理、添加矿物掺合料等。

第三节　钢筋与混凝土之间的黏结作用

钢筋和混凝土两种材料能够共同工作的一个重要原因之一是两者之间有很强的黏结力，钢筋被混凝土包裹才能更好地发挥钢筋混凝土结构的作用。钢筋与混凝土的黏结力在很大程度上会影响钢筋混凝土构件的承载力、刚度以及裂缝控制。如果钢筋与混凝土两者的黏结性能降低，则结构的力学性能则会降低和破坏。故对两者的黏结性能研究尤为重要。

一、黏结应力 τ 的产生

黏结应力是指沿钢筋与混凝土接触面上的剪应力。它并非真正的钢筋表面上某点剪应力值，而是一个名义值（对于变形钢筋而言），是指在某个计算范围（变形钢筋的一个肋的区段）内剪应力的平均值。

二、黏结力的组成

黏结力主要是由三部分组成。

（一）化学胶结力

化学胶结力是由混凝土中水泥凝胶体和钢筋表面产生的吸附作用力，这种作用力很弱，一般只占总黏结力的10%左右。混凝土强度等级越高，胶结力越大。仅在受力阶段的局部无滑移区域起作用，一旦接触面发生相对滑动时，该力立即消失，且不可恢复。

（二）摩阻力

摩阻力是混凝土收缩后紧紧地握裹住钢筋而产生的力，大约占总黏结力的20%。摩阻力的大小与接触面的粗糙程度有关，挤压应力越大，接触面越粗糙，摩擦力越大。

（三）机械咬合力

机械咬合力是由于钢筋表面凹凸不平与混凝土之间产生的咬合力。这种作用提供的力占全部黏结力的70%左右。所以变形钢筋和混凝土之间的黏结作用要比光圆钢筋大得多。实验表明，光圆钢筋的黏结强度较低，为1.5~3.5 MPa，带肋钢筋与混凝土的黏结强度比光圆钢筋高得多。螺纹钢筋的黏结强度为2.5~6.0 MPa，光圆钢筋通过设置弯钩以阻止钢筋与混凝土之间产生较大的相对滑动，由于表面的自然凹凸程度较小，这种黏结作用力较小；对于变形钢筋，由于螺纹肋的存在，能与混凝土犬牙交错紧密结合，其胶着力和摩擦力仍然存在，但主要是钢筋表面凸起的肋纹与混凝土的机械咬合作用。一般认为，光圆钢筋与混凝土的握裹强度由水泥凝胶体和钢筋表面的化学黏结所组成。但是即使在低应力下也将产生相当大的滑移，并可能破坏混凝土和钢筋间的这种黏结。一旦产生这样的滑移，握裹力将主要取决于钢筋表面的粗糙程度和埋置长度内钢筋横向尺寸的变化。

黏结力在试验中很难准确测出，在钢筋的不同受力阶段，随着钢筋滑移的发展、荷载（应力）的加卸载等原因，各部分黏结作用也有变化。

对于光圆钢筋，其黏结力主要来自于化学胶结力和摩阻力；而变形钢筋的黏结力中机械咬合力占大部分。

三、黏结应力的分布

黏结强度通常采用拔出试验来测定，实验测得，黏结应力沿制筋长度方向的分布是不均匀的，通常是两头小中间大。最大黏结应力是在离端部的某一距离处。因此，钢筋埋入长度越长，拔出力越大，由此可见，为了保证钢筋与混凝土之间有可靠的黏结，钢筋应有足够的锚固长度。

拔出试验在钢筋拔出过程中，钢筋的应力不断增加，而黏结应力的峰值却不断后移，即从加载端逐渐退出工作，Amstutz的试验曲线指出，实际的钢筋应变不是光滑的，因而由钢筋反算的黏结应力也不是光滑的。在变形钢筋中，由于肋的咬合作用以及次生斜裂缝出现，混凝土的拉应力沿杆长也必然是不连续的，钢筋上所贴的应变片越长，间距越大，这一不连续性越被掩盖。此外，在一定的埋长下，自由端的滑移比加载端要小得多。

四、影响黏结强度的因素

影响钢筋与混凝土之间黏结性能及各项特征值的因素有许多，认识这些因素对黏结性能的影响程度是非常必要的。

（一）混凝土强度等级和组成成分

无论是出现内裂缝，还是劈裂裂缝，还是肋前区复合应力下混凝土的强度都取决于混凝土的强度等级。此外，胶着力也随着混凝土强度等级的提高而提高，但对摩阻力提高不大。带肋钢筋和光面钢筋的黏结强度均随混凝土强度的提高而提高，但并非线性关系。试验表明，带肋钢筋的黏结强度 τ_u 主要取决于混凝土的抗拉强度 f_t，τ_u 与 f_t 近似地呈线性关系。

（二）保护层厚度和钢筋间距

增大保护层厚度能在一定程度上提高黏结强度，但当保护层厚度超过一定限值后，这种试件的破坏形式不再是劈裂破坏，所以此时黏结强度不再提高。

对于高强度的带肋钢筋，当混凝土保护层太薄时，外围混凝土将可能发生径向劈裂而使黏结强度降低。钢筋间距太小时，将可能出现水平劈裂而使整个保护层崩落，从而使黏结强度显著降低。

（三）浇注位置

浇注的混凝土在自重的作用下有下沉和泌水现象，各个位置的混凝土密实度不同，存在由气泡和水形成的空隙层，这种空隙层削弱了钢筋和混凝土的黏结作用，使平位浇注比竖位的黏结强度和抵抗滑移的能力显著降低，折减率最大可达30%。浇注位置对钢筋的黏结滑动有很大影响。"顶部"钢筋下面的混凝土有较大的空隙层，一旦胶着力被破坏，摩擦阻尼很小，黏结强度显著降低；而竖位钢筋在初始滑动后，摩擦阻力较大，黏结强度随滑动的增长，仍有缓慢的增长。

（四）钢筋的外形和直径

带肋钢筋的黏结强度比光圆钢筋的黏结强度要大。试验表明，带肋钢筋的黏结力比光圆钢筋高出 2~3 倍。因而，带肋钢筋所需的锚固长度比光圆钢筋短。

由于变形钢筋的外形参数并不随直径比例变化，直径加大时肋的面积增加不多，而相对肋高降低，且直径越大的钢筋，相对黏结面积越小，极限强度越低。试验结果是 d≤25mm 时，黏结强度影响不大；d>32mm 时，黏结强度可能降低 13%。横肋的形状和尺寸不同，其 τ-S 曲线的形状也不完全相同。月牙纹钢筋的极限黏结强度比螺纹钢筋低 10%~15%，且较早发生滑移，但下降段较为平缓，延性较好。原因是月牙纹钢筋的肋间混凝土齿较厚，抗剪性强。此外，月牙纹的肋高沿圆周变化，径向挤压力不均匀，黏结破坏时的劈裂缝有明显的方向性。

（五）其他因素

综上所述，影响钢筋与混凝土之间的黏结性能众多，要确定一个准确而全面的黏结应力与滑移关系曲线相当困难，有时也没有必要。可根据具体的分析对象，只需考虑其中的主要影响因素即可。此外，在进行钢筋混凝土结构非线性分析时，切记分析必须与实践环节紧密结合，因为所有计算模型和计算公式都是基于对试验、设计和工程实践活动的规律性总结。

混凝土结构中混凝土与钢筋必须保持良好的黏结才能使钢筋和混凝土共同受力，充分发挥两者各自的性能优势。本节对变形钢筋和光圆钢筋粘结机理进行分析，并对影响钢筋与混凝土黏结机理的主要因素进行分析，对钢筋与混凝土的非线性分析有一定的指导意义，还需进一步探究黏结滑移理论。

第三章　建筑结构设计及优化

第一节　单层排架结构设计及优化

排架结构是单层工业厂房最主要的结构形式之一。本章介绍装配式单层排架结构厂房的结构组成、结构形式以及结构布置的一般原则，介绍组成单层排架结构厂房结构的主要构件及作用，详细叙述作用在横向排架上的荷载，等高单层排架结构的内力分析方法，排架柱的形式和牛腿以及柱下独立（扩展）基础的设计方法，并对常用的屋面梁、屋架和吊车梁的结构形式和设计要点做一简介。

一、单层厂房的结构型式

单层厂房按承重结构的材料大致可分为：混合结构、混凝土结构和钢结构。一般说来，对无吊车或吊车吨位较小（一般不超过 5t），跨度不大（一般在 15m 以内），柱顶标高不高（一般在 8m 以下），且无特殊工艺要求的小型厂房，可采用混合结构（由砖柱，钢筋混凝土屋架、木屋架或轻钢屋架等组成）。对吊车吨位较大或者跨度较大的中型或大型厂房，或有特殊工艺要求的厂房，一般采用钢筋混凝土结构（由钢筋混凝土柱和钢筋混凝土屋架等组成），也可以采用钢筋混凝土柱和钢屋架等组成的结构，或者采用由钢柱和钢屋架组成的全钢结构。单层厂房的结构型式主要有排架结构和刚架结构两种。

排架结构由屋架（或屋面梁）、柱和基础组成，柱与屋架铰接，与基础刚接。根据生产工艺和使用要求的不同，排架结构可做成等高的、不等高的和锯齿形的等多种形式，锯齿形排架通常用于单向采光的纺织厂。排架结构传力明确，构造简单，有利于实现设计标准化，构配件生产工厂化，是目前单层厂房结构的基本结构形式。

目前，刚架结构的主要类型是装配式门式刚架。门式刚架的柱和横梁刚接成一个构件，而柱与基础通常为铰接。根据顶节点的连接形式，门式刚架分为三铰门式刚架和两铰门式刚架：当顶节点为铰接时，称为三铰刚架，为静定结构；顶节点为刚接时，称为两铰刚架，2b，此时为超静定结构。为便于施工吊装，两铰刚架通常做成三段，在横梁中弯矩为零（或很小）的截面处设置接头，用焊接或螺栓连接成整体。刚架顶部一般为人字形，也有做成弧形的。为了节约材料，刚架立柱和横梁的截面高度都是随内力（主要是弯矩）的增减沿轴线方向做成变高的。刚架的优点是梁柱合一，构件种类少，制作较简单，且结构轻巧，当跨度和高度较小时，其经济指标稍优于排架结构。刚架的缺点是刚度较差，承载后会产生跨变，梁柱转角处易产生早期裂缝，所以对于吊车吨位较大的厂房，刚架的应用受到一定的限制。此外，由于刚架构件呈"Γ"形或"Y"形，使构件的翻身、起吊、对中、就位等都比较麻烦，跨度大时尤其是这样。

二、排架结构厂房的结构组成和结构布置

（一）结构组成与传力路线

1. 结构的组成

排架结构主要由下列结构或构件组成。

（1）屋盖结构。

屋盖结构由屋面板（包括天沟板）、屋架或屋面梁（包括屋盖支撑）组成，有时还设有天窗架和托架等。屋盖结构分无檩和有檩两种屋盖体系：将大型屋面板直接支承在屋架或屋面梁上的称为无檩屋盖体系；将小型屋面板或瓦材支承在檩条上，再将檩条支承在屋架上的称为有檩屋盖体系。在屋盖结构中，屋面板起围护作用并承受作用在板上的荷载，再将这些荷载传至屋架或屋面梁；屋架或屋面梁是屋面承重构件，承受屋盖结构自重和屋面板传来的活荷载，并将这些荷载传至排架柱。天窗架支承在屋架或屋面梁上，也是一种屋面承重结构。

（2）横向平面排架。

横向平面排架由横梁（屋架或屋面梁）、横向柱列和基础组成。横向平面排架是排架结构厂房的基本承重结构，厂房承受的竖向荷载、横向水平荷载以及横向水平地震作用都是由横向平面排架承担并传至地基的。

（3）纵向平面排架。

纵向平面排架由纵向柱列、连系梁、吊车梁、柱间支撑和基础等组成。其作用是保证厂房的纵向稳定性和刚性，并承受作用在山墙、天窗端壁以及通过屋盖结构传来的纵向风荷载、吊车纵向水平荷载等，再将其传至地基。另外它还承受纵向水平地震作用、温度应力等。

（4）吊车梁。

吊车梁是简支在柱的牛腿上，主要承受吊车的竖向、横向或纵向作用，并将它们分别传至横向或纵向平面排架。吊车梁一般采用预制混凝土吊车梁或钢吊车梁。

（5）支撑。

单层厂房的支撑包括屋盖支撑和柱间支撑两种，其作用是加强厂房结构的空间刚度，保证结构构件在安装和使用阶段的稳定和安全，同时起着把风荷载、吊车水平荷载或水平地震作用等传递到相应的承重构件。

（6）基础。

基础承受柱和基础梁传来的荷载并将它们传至地基。

（7）围护结构。

围护结构包括纵墙和横墙（山墙）及由连系梁、抗风柱（有时还有抗风梁或抗风桁架）和基础梁等组成的墙架。这些构件所承受的荷载，主要是墙体和构件的自重以及作用在墙面上的风荷载等。

（二）传力路线

单层厂房结构所承受的各种荷载，基本上都是传递给排架柱，再由柱传至基础及地基的，因此柱和基础是单层厂房的主要承重构件，同时，在有吊车的厂房中，吊车梁也是主要承重构件，设计时应予以重视。

（三）结构布置

1. 柱网尺寸和定位轴线

排架结构厂房承重柱（或承重墙）的定位轴线，在平面上构成的网格，称为柱网。柱网布置就是确定纵向定位轴线之间的尺寸（跨度）和横向定位轴线之间的尺寸（柱距）。柱网布置既是确定柱的位置，也是确定屋面板、屋架和吊车梁等构件尺寸（跨度）的依据，并涉及结构构件的布置。柱网布置恰当与否，将直接影响厂房结构的经济合理性和先进性，与生产使用也有密切关系。

柱网尺寸确定的一般原则为：符合生产和使用要求；建筑平面和结构方案经济合理；遵循国家有关厂房建筑模数有关标准的规定；在厂房结构形式和施工方法上具有先进性和合理性。

一般情况下，厂房跨度在 18m 及以下时，应采用扩大模数 30M 数列；在 18m 以上时，应采用扩大模数 60M 数列。厂房的柱距应采用扩大模数 60M 数列。当工艺布置需要，跨度在 18m 以上时，也可采用扩大模数 30M 数列，厂房的柱距也可以采用 9m 或其它的柱距。

（1）边柱、墙与纵向定位轴线的关系。

在无吊车或吊车起重量较小（一般小于或等于 20t）的厂房中，边柱外缘和墙的内缘应与纵向定位轴线重合，这种结合称为封闭结合；对吊车起重量较大的厂房，由于吊车外轮廓尺寸和柱子截面尺寸均有所增大，为了保证柱内边缘与吊车外轮廓之间必要的空隙要求，应将边柱外移，使边柱外缘与纵向定位轴线之间存在一定的距离 D（D 为 150mm、250mm 或 500mm 等），墙的内缘仍与柱子外缘重合，即与纵向定位轴线距离为 D，这种结合称为非封闭结合。

（2）中柱与纵向定位轴线的关系。

对等高排架，上柱的中心线应该与纵向定位轴线重合。对有高低跨的厂房，柱子和轴线的关系较复杂，可以参考有关构造手册。

（3）柱、墙与横向定位轴线的关系。

除伸缩缝处的柱和端部柱外，柱的中心线应与横向定位轴线重合。在伸缩缝处（一般采用双柱），伸缩缝的中心线应与横向定位轴线重合，而伸缩缝处的柱的中心线与横向定位轴线的距离应为 600mm。在厂房的端部，当山墙为非承重墙时，墙内边缘应该与横向定位轴线重合，端部柱的中心线应距横向定位轴线 600mm；当山墙为承重墙时，墙内缘与横向定位轴线的距离应为半砖或者半砖的倍数。

2. 变形缝

变形缝包括伸缩缝、沉降缝和防震缝。

如果厂房长度和宽度过大，当气温变化时，由于温度变形将使结构内部产生很大的温度应力，严重的可使墙面、屋面和构件等拉裂，因此为减少厂房结构中的温度应力，一般通过设置伸缩缝将厂房结构分成若干温度区段。伸缩缝应从基础顶面开始，将两个温度区段的上部结构构件完全分开，并留出一定宽度的缝隙，使上部结构在气温有变化时，水平方向可以较自由地发生变形，不致引起房屋开裂。温度区段的形状，应力求简单，并应使伸缩缝的数量最少。温度区段的最大长度（即伸缩缝的最大距离），取决于结构类型和温度变化情况。

当厂房的伸缩缝间距超过规定值时，应验算温度应力。

在有些情况下，为避免厂房因基础不均匀沉降而引起开裂和损坏，需在适当部位用沉降缝将厂房划分成若干刚度较一致的单元。在一般单层厂房中可不做沉降缝，只有在特殊情况下才考虑设置，如厂房相邻两部分高度相差很大，两跨间吊车吨位相差悬殊，地基承载力或下卧层土质有较大差别，或厂房各部分的施工时间先后相差很长，地基土的压缩程度不同等情况。

沉降缝应将建筑物从屋顶到基础全部分开，以使在缝两边发生不同沉降时不致损坏整个建筑物。沉降缝可兼作伸缩缝。

防震缝是为了减轻厂房震害而采取的措施之一。当厂房平、立面布置复杂，结构高度或刚度相差很大，以及在厂房侧边贴建生活间、变电所、炉子间等披屋时，应设置防震缝将相邻两部分分开。地震区的伸缩缝和沉降缝均应符合防震缝要求。

3. 支撑

就整体而言，支撑的主要作用是保证结构构件的稳定与正常工作，增强厂房的整体稳定性和空间刚度，把纵向风荷载、吊车水平荷载及水平地震作用等传递到主要承重构件，保证在施工安装阶段结构构件的稳定。在装配式混凝土单层厂房结构中，支撑虽然不是主要的承重构件，但却是联系各种主要结构构件并把它们构成整体的重要组成部分。工程实践表明，如果支撑布置不当，不仅会影响厂房的正常使用，甚至可能引起工程事故，故应给予足够的重视。

厂房支撑分屋盖支撑和柱间支撑两类。下面扼要讲述屋盖支撑和柱间支撑的作用和布置原则，具体布置方法及构造细节可参阅有关标准图集或手册。

（1）屋盖支撑。

屋盖支撑通常包括上弦水平支撑、下弦水平支撑、垂直支撑及纵向水平系杆。在每一个温度区段内，屋盖支撑的主要构成思路是，由上、下弦水平支撑分别在温度区段的两端构成横向的上下水平刚性框，再用垂直支撑和水平系杆把两端的水平刚性框连接起来。

屋盖上、下弦水平支撑是指布置在屋架（屋面梁）上、下弦平面内的水平支撑。屋架上弦横向水平支撑布置在厂房每个伸缩缝区段端部，它的作用是在屋架上弦平面内构成刚性框，增强屋盖的整体刚度，保证屋架上弦或屋面梁上翼缘平面外的稳定，同时将抗风柱传来的风荷载传递到（纵向）排架柱顶，当采用大型屋面板且连接可靠，能保证屋盖平面的稳定并能传递山墙风荷载时，则认为能起上弦横向支撑的作用，可不设置上弦横向水平支撑。屋盖下弦水平支撑包括下弦横向水平支撑和纵向水平支撑两种，下弦横向水平支撑的作用是把作用在下弦的水平力传递给纵向排架柱上，而下弦纵向水平支撑能提高厂房的空间刚度，增强排架间的空间作用，保证横向水平力的纵向分布。

屋盖垂直支撑是指布置在屋架（屋面梁）间或天窗架（包括挡风板立柱）间的支撑。屋架垂直支撑可以提高屋架的整体稳定性和屋盖系统的空间刚度以及屋架安装时结构的安全性，一般有屋架端部垂直支撑和中部垂直支撑。

系杆分刚性（压杆）和柔性（拉杆）两种。系杆设置在屋架上、下弦及天窗上弦平面内。上弦纵向系杆则是用来保证屋架上弦或屋面梁受压翼缘的侧向稳定及减小屋架上弦杆的计算长度，下弦系杆除了和其它支撑共同提高屋盖的稳定性和刚度并有效传递水平荷载外，尚可以防止吊车或者其它设备震动引起屋架下弦的侧向颤动。

除系杆外屋盖支撑一般均为平行弦桁架形式。桁架的腹杆采用十字交叉形式，一般用于上弦横向、下弦横向及下弦纵向水平支撑。屋架的纵向水平支撑桁架的节间，以组成正方形为宜，一般为 6m×6m，也可以根据实际情况组成长方形，如 6m×3m。垂直支撑的腹杆形式可以根据桁架的宽高比确定，当宽高比较接近时，可以采用交叉斜杆；当高度较小时可以采用 V 式及 W 式斜杆，以避免弦杆与斜杆间交角小于 30°。

（2）柱间支撑。

柱间支撑的作用是保证厂房结构的纵向刚度和稳定，并将水平荷载（包括天窗端壁部和厂房山墙上的风荷载、吊车纵向水平制动力以及作用于厂房纵向的其它荷载）传至基础。柱间支撑通常宜采用十字交叉形支撑，它具有构造简单、传力直接和刚度较大等特点。

交叉杆件的倾角一般在 35°～50°之间。在特殊情况下，如因生产工艺的要求及结构空间的限制，可以采用其它型式的支撑，如门架式支撑、人字形支撑或八字形支撑等。

柱间支撑应布置在伸缩缝区段的中央或临近中央，这样有利于在温度变化或混凝土收缩时，厂房可较自由变形而不致产生较大的的温度或收缩应力，并在柱顶设置通长刚性连系杆来传递荷载。当屋架端部设有下弦连系杆时，也可不设柱顶连系杆。

凡属下列情况之一者，应设置柱间支撑：

①厂房内设有悬臂吊车或 3t 及以上悬挂吊车；

②厂房内设有特重级或重级载荷状态的吊车，或设有中级、轻级载荷状态的吊车，起重量在 10t 及以上；

③厂房跨度在 18m 及以上或柱高在 8m 及以上；

④纵向柱列的总数在 7 根以下；

⑤露天吊车栈桥的柱列。

柱间支撑一般采用钢结构，杆件承载力和稳定性验算均应符合《钢结构设计规范》的有关规定。

（4）抗风柱、圈梁、连系梁、过梁和基础梁的功能和布置原则。

（3）抗风柱。

单层厂房的山墙受风面积较大，一般需设置抗风柱将山墙分成区格，使墙面受到的风荷载一部分（靠近纵向柱列的区格）直接传至纵向柱列，另部分则经抗风柱下端直接传至基础而上端则通过屋盖系统传至纵向柱列。

当厂房跨度和高度均不大（如跨度不大于 12m，柱顶标高 8m 以下）时，可在山墙设置砌体壁柱作为抗风柱；当跨度和高度均较大时，一般在墙的内侧设置钢筋混凝土抗风柱。在很高的厂房中，为不使抗风柱的截面尺寸过大，可加设水平抗风梁或抗风桁架作为抗风柱的中间铰支点。

抗风柱的柱脚，一般采用插入基础杯口的固接方式，而抗风柱上端与屋架的连接必须满足两个要求：一是在水平方向必须与屋架有可靠的连接以保证有效地传递风荷载；二是在竖向脱开，且两者之间能允许一定的竖向相对位移，以防厂房与抗风柱沉降不均匀时产生不利影响。

所以，抗风柱与屋架一般采用竖向可以移动、水平向又有较大刚度的弹簧板连接，如不均匀沉降可能较大时，则宜采用螺栓连接方案。

抗风柱的上柱宜采用矩形截面，其截面尺寸 b×h 不宜小于 350mm×300mm，下柱宜采用工字形或矩形截面，当柱较高时也可采用双肢柱。

抗风柱主要承受山墙风荷载，一般情况下其竖向荷载只有柱自重，故设计时可近似地按照受弯构件计算，并应考虑正、反两个方向的弯矩。当抗风柱还承受由承重墙梁、墙板及雨篷等。

传来的竖向荷载时，则应按偏心受压构件计算。

（4）圈梁、连系梁、过梁和基础梁。

当用砌体作为厂房的围护结构时，一般要设置圈梁或连系梁、过梁及基础梁。

圈梁将墙体与厂房柱箍在一起，其作用是增强房屋的整体刚度，防止由于地基的不均匀沉降或较大振动荷载等对厂房的不利影响。圈梁置于墙体内，和柱连接，柱对它仅起拉结作用。

由于圈梁不承受墙体重力，柱上不需设置支承圈梁的牛腿。

圈梁的布置与墙体高度、对厂房刚度的要求以及地基情况有关。对于一般单层厂房可参照下列原则布置：对无桥式吊车的厂房，当墙厚不大于 240mm、檐口标高为 5~8m 时，应在檐口附近布置一道，当檐高大于 8m 时，宜增设一道；对有桥式吊车或较大振动设备的厂房，除在檐口或窗顶布置圈梁外，尚宜在吊车梁标高处或其它适当位置增设一道；外墙高度大于 15m 时还应适当增设。

连系梁的作用除连系纵向柱列，增强厂房的纵向刚度并传递风荷载到纵向柱列外，还承受其上部墙体的重量。连系梁通常是预制的，两端搁置在柱牛腿上，其连接可采用螺栓连接或焊接连接。

过梁的作用是承托门窗洞口上的墙体重量。

在进行厂房结构布置时，应尽可能将圈梁、连系梁和过梁结合起来，使一个构件能起到两个或三个构件的作用，以节约材料，简化施工。

在一般厂房中，通常用基础梁来承托围护墙的重力，而不另做基础。基础梁底部距地基土表面应预留100mm的空隙，使梁可随柱基础一起沉降而不受到地基土的约束，同时还可以防止地基土冻结膨胀时将梁顶裂。基础梁与柱一般可不连接（一级抗震等级的基础梁顶面应增设预埋件与柱焊接），将基础梁直接搁置在柱基础杯口上，或当基础埋置较深时，放置在基础上面的混凝土垫块上。施工时，基础梁支承处应坐浆。

当厂房高度不大，且地基比较好，柱基础埋得较浅时，也可不设基础梁而做砖石或混凝土的墙基础。

连系梁、过梁及基础梁均有全国通用图集，如《钢筋混凝土连系梁》（93G321），《钢筋混凝土过梁》（93G322），《钢筋混凝土基础梁》（93G320），设计时可直接套用。

（5）剖面布置。

单层厂房的高度除应满足生产工艺的要求外，亦应符合建筑模数制的有关规定。一般情况下，自室内地面至柱顶的高度应为300mm的倍数，至支承吊车梁的牛腿顶面的高度应为300mm的倍数，而至轨顶的标志高度应为600mm的倍数。设计时，允许吊车轨顶的构造高度（实际高度）与标志高度之间有±200mm的差值。另外，预制钢筋混凝土柱的总长度也应尽量采用300mm的倍数。

考虑到屋架挠度和地基不均匀沉降等不利因素，柱顶（或下撑式层架下弦底面）至吊车桥架的净空尺寸一般不应小于220mm，吊车桥架侧面与上柱内缘之间的水平净空尺寸不应小于80mm（吊车起重量不大于50t）或100mm（吊车起重量大于75t）。当厂房建于软弱地基土上时，上述净空尺寸应适当增大。

在有桥式或梁式吊车的厂房中，吊车轨道中心线至边柱或中柱纵向定位轴线的距离λ一般为750mm，当构造需要或吊车起重量大于75t时，λ宜为1000mm。

三、排架结构的计算

排架结构可以是钢筋混凝土结构，也可以是钢结构或混合结构。排架结构计算分析时一般采用弹性分析方法，因此无论是采用哪种材料的排架结构，分析方法是一样的，所以下面以钢筋混凝土排架为例，介绍排架结构的计算方法，对其它材料的排架结构，可以用相同的方法进行计算。

单层厂房排架结构实际上是空间结构，为了简化计算，一般可简化为平面结构计算，即：在横向（跨度方向）按横向平面排架计算，在纵向（柱距方向）按纵向平面排架计算，忽略各个横向平面排架之间以及各个纵向平面排架之间的相互作用，近似认为各自独立工作。

纵向平面排架是由柱列、基础、连系梁、吊车梁和柱间支撑等组成的。由于纵向平面排架的柱较多，抗侧刚度较大，每根柱承受的水平力不大，因此对一般厂房不进行纵向排架计算，仅当抗侧刚度较差、柱较少，需要考虑水平地震作用或温度内力时才进行计算。

本节讲的排架计算是指横向平面排架而言的，以下除特别说明以外，均简称为排架。

排架结构的计算是确定柱和基础等受力构件在各种荷载作用下的内力，为柱和基础等构件的设计提供内力数据，其主要内容包括：确定计算简图、荷载的计算、柱控制截面的内力分析和内力组合。必要时，还应验算排架的水平位移值。

在进行排架结构计算时，应首先确定排架的计算单元，它由相邻柱距的中心线截出的一个典型区段，除吊车等移动的荷载以外，斜线部分就是所计算排架的负荷范围，或称从属面积。

在确定排架计算简图时，为了简化计算，根据构造和实践经验，一般假定：

（1）柱下端固接于基础顶面，上端与屋面梁或屋架铰接；

（2）屋面梁或屋架没有轴向变形。

由于柱插入基础杯口有一定深度，并用细石混凝土与基础紧密地浇捣成一体，而且地基变形是有限制的，基础转动一般较小，因此假定（1）通常是符合实际的。但有些情况，例如地基土质较差、变形较大或有大面积堆料等比较大的地面荷载时，则应考虑基础位移和转动对排架内力和变形的影响。

由假定（2）知，横梁或屋架两端的水平位移相等。假定（2）对于屋面梁或大多数下弦杆刚度较大的屋架是适用的，但对于组合式屋架或两铰、三铰拱架则应考虑其轴向变形对排架内力和变形的影响，这种情况称为"跨变"。所以假定（2）实际上适用于没有"跨变"排架的计算。

四、钢筋混凝土排架柱

排架柱一般采用钢筋混凝土柱或钢柱，钢筋混凝土排架柱和钢排架柱的设计内容是相似的。

（一）柱的型式

钢筋混凝土排架柱的型式很多，目前常用的有实腹矩形柱、工字形柱、双肢柱等。

实腹矩形柱的外形简单，施工方便，但混凝土用量多，经济指标较差。

工字形柱的材料利用比较合理，目前在单层厂房中应用广泛，但其混凝土用量比双肢柱多，特别是当截面尺寸较大（如截面高度 h≥1600mm）时更甚，同时自重大，施工吊装也较困难，因此使用范围也受到一定限制。

双肢柱有平腹杆和斜腹杆两种。前者构造较简单，制作也较方便，在一般情况下受力合理，而且腹部整齐的矩形孔洞便于布置工艺管道。当承受较大水平荷载时宜采用具有桁架受力特点的斜腹杆双肢柱。但其施工制作较复杂，若采用预制腹杆则制作条件将得到改善。双肢柱与工字形柱相比较，混凝土用量少，自重较轻，在柱截面高度大时尤为显著，但其整体刚度差些，钢筋构造也较复杂，用钢量稍多。

根据工程经验，一般可按照截面高度 h 确定预制钢筋混凝土排架柱截面的形式：

当 h≤600mm 时，宜采用矩形截面；

当 h=600~800mm 时，采用工字形或矩形；

当 h=900~1400mm 时，宜采用工字形；

当 h>1400mm 时，宜采用双肢柱。

对设有悬臂吊车的柱宜采用矩形；对易受撞击及设有壁行吊车的柱宜采用矩形或腹板厚度大于等于120mm、翼缘厚度大于等于150mm 的工字形柱，当采用双肢柱时，则在安装壁行吊车的局部区段宜做成实腹柱。

实践表明，矩形、工字形和斜腹杆双肢柱的侧移刚度和抗剪能力都较大，因此《建筑抗震设计规范》（GB50011-2001）规定，当抗震设防烈度为8度和9度时，厂房宜采用矩形、工字形截面和斜腹杆双肢柱，不宜采用薄壁开孔或预制腹板的工字形柱；柱底至室内地坪以上500mm 范围内和阶形柱的上柱宜采用矩形截面。

（二）矩形、工字形柱的设计

柱的设计内容一般包括确定外形构造尺寸和截面尺寸，根据各控制截面最不利的内力组合进行截面设计，施工吊装运输阶段的承载力和裂缝宽度验算，与屋架、吊车梁等构件的连接构造和绘制施工图等，当有吊车时还需进行牛腿设计。

1. 截面尺寸和外形构造尺寸

柱截面尺寸除应保证柱具有足够的承载力外，还必须使柱具有足够的刚度，以免造成厂房横向和纵向变形过大，发生吊车轮和轨道的过早磨损，影响吊车正常运行或导致墙和屋盖产生裂缝，影响厂房的正常使用。根据刚度要求，对于6m 柱距的厂房柱和露天栈桥柱的最小截面尺寸。

工字形柱的翼缘厚度不宜小于100mm，腹板厚度不宜小于80mm。当有高温或侵蚀性介质时，则翼缘和腹板尺寸均应适当增大。工字形柱的腹板可以开孔洞（在孔洞周边宜设置加强钢筋）。当孔的横向尺寸小于柱截面高度的一半、孔的竖向尺寸小于相邻两孔之间的净距时，柱的刚度可按实腹工字形柱计算，但在计算承载力时应扣除孔洞的削弱部分。当开孔尺寸超过上述规定时，柱的刚度和承载力应按双肢柱计算。

2. 截面设计

根据排架计算求得的控制截面最不利的内力组合 M 和 N，按偏心受压构件进行截面计算。

3. 吊装、运输阶段的承载力和裂缝宽度验算

预制柱应根据运输、吊装时混凝土的实际强度等级，一般考虑翻身起吊。验算时应注意下列问题：

（1）柱身自重应乘以动力系数 1.5（根据吊装时的受力情况可适当增减）。

（2）因吊装验算系临时性的，故构件安全等级可较其使用阶段的安全等级降低一级。

（3）柱的混凝土强度一般按设计强度的 70% 考虑。当吊装验算要求高于设计强度的 70% 方可吊装时，应在施工图上注明。

（4）一般宜采用单点绑扎起吊，吊点设在变阶处。当需用多点起吊时，应与施工单位共同商定吊装方法并进行相应的验算。

（5）当柱变阶处截面吊装验算配筋不足时，可在该局部区段加配短钢筋。

4. 构造要求

矩形和工字形柱的混凝土强度等级常用 C20～C30，当轴向力大时宜用较高等级。纵向受力钢筋一般采用 HRB400 和 HRB335 级钢筋，构造钢筋可用 HRB235 或 HRB335 级钢筋，直径箍筋用 HRB235 级钢筋。

纵向受力钢筋直径不宜小于 12mm，全部纵向受力钢筋的配筋率不宜超过 5%；当混凝土强度等级小于或等于 C50 时，全部纵向受力钢筋的配筋率不应小于 0.5%，当混凝土强度等级大于 C50 时，不应小于 0.6%；柱截面每边纵向钢筋的配筋率不应小于 0.2%。当柱的截面高度 h≥600mm 时，在侧面应设置直径为 10～16mm 的纵向构造钢筋，并相应地设置复合箍筋或拉结筋。

柱内纵向钢筋的净距不应小于 50mm；对水平浇筑的预制柱，其最小净距不应小于 25mm 和纵向钢筋的直径。垂直于弯矩作用平面的纵向受力钢筋的中距不应大于 350mm。

柱中箍筋的构造应满足对偏心受压构件的要求。柱与屋架（屋面梁）、吊车梁等构件的连接构造可参阅有关标准图集或设计手册。

（三）牛腿

单层厂房中，常采用柱侧伸出的牛腿来支承屋架（屋面梁）、托架和吊车梁等构件。由于这些构件大多是负荷较大或是有动力作用的，所以牛腿虽小，却是一个重要部件。

长牛腿的受力特点与悬臂梁相似，可按悬臂梁设计。一般支承吊车梁等构件的牛腿均为短牛腿（以下简称牛腿），它实质上是一变截面深梁，其受力性能与普通悬臂梁不同。

（1）弹性阶段的应力分布。在牛腿上部，主拉应力迹线基本上与牛腿上边缘平行，且牛腿上表面的拉应力沿长度方向比较均匀。牛腿下部主压应力迹线大致与从加载点到牛腿下部转角的连线 ab 相平行。牛腿中下部主拉应力迹线是倾斜的，这大致能说明为什么下面所描述的从加载板内侧开始的裂缝有向下倾斜的现象。

（2）裂缝的出现与展开。钢筋混凝土牛腿在竖向力作用下的试验表明：当荷载加到破坏荷载的 20%~40%时出现竖向裂缝，但其开展很小，对牛腿的受力性能影响不大；当荷载继续加大至约在破坏荷载的 40%~60%时，在加载板内侧附近出现第一条斜裂缝，见图 2-41；此后，随着荷载的增加，除这条斜裂缝不断发展，以及可能出现一些微小的短小裂缝外，几乎不再出现第二条斜裂缝；最后，当荷载加大至接近破坏时（约为破坏荷载的 80%），突然出现第二条斜裂缝，预示牛腿即将破坏。在牛腿使用过程中，所谓设计上不允许出现斜裂缝均指裂缝而言的。它是确定牛腿截面尺寸的主要依据。

（3）破坏形态。牛腿的破坏形态主要取决于 a/h_0 值，主要有以下三种破坏形态：

①弯曲破坏。当 $a/h_0>0.75$ 和纵向受力钢筋配筋率较低时，一般发生弯曲破坏。其特征是当出现裂缝后，随荷载增加，该裂缝不断向受压区延伸，水平纵向钢筋应力也随之增大并逐渐达到屈服强度，这时裂缝外侧部分绕牛腿下部与柱的交接点转动，致使受压区混凝土压碎而引起破坏。

②剪切破坏。又分纯剪破坏和斜压破坏。纯剪破坏是当 $a/h_0≤0.1$ 或 a/h_0 值虽较大但边缘高度 h_1 较小时，可能发生沿加载板内侧接近竖直截面的剪切破坏。其特征是在牛腿与下柱交接面上出现一系列短斜裂缝，最后牛腿沿此裂缝从柱上切下而遭破坏，这时牛腿内纵向钢筋应力较低；斜压破坏大多发生在 $a/h0=0.1~0.75$ 的范围内，其特征是首先出现斜裂缝，加载至极限荷载的 70%~80%时，在这条斜裂缝外侧整个压杆范围内出现大量短小斜裂缝，最后压杆内混凝土剥落崩出，牛腿即告破坏，有时在出现斜裂缝后，随着荷载的增大，突然在加载板内侧出现一条通长斜裂缝，然后牛腿沿此裂缝破坏迅速。

③局部受压破坏。当加载板过小或混凝土强度过低，由于很大的局部压应力而导致加载板下混凝土局部压碎破坏。

牛腿承受竖向荷载产生的弯矩和水平荷载产生的拉力的纵向受拉钢筋宜采用 HRB335 级或 HRB400（RRB400）级钢筋，钢筋直径不应小于 12mm。由于水平纵向受拉钢筋的应力沿牛腿上部受拉边全长基本相同，因此不得将其下弯兼作弯起钢筋，而应全部直通至牛腿外边缘再沿斜边下弯，并伸入下柱内 15d，另一端在柱内应有足够的锚固长度（按梁的上部钢筋的有关规定），以免钢筋未达到强度设计值前就被拔出而降低牛腿的承载能力。

承受竖向力所需的水平纵向受拉钢筋的配筋率（按全截面计算）不应小于 0.2%，也不宜大于 0.6%，且根数不宜少于 4 根。承受水平拉力的锚筋应焊在预埋件上，且不应少于 2 根。

五、柱下独立基础

（一）柱下独立基础的型式

柱基础一般采用钢筋混凝土，它是单层排架结构房屋中的重要受力构件，上部结构传来的荷载都是通过基础传至地基的。单层排架结构房屋柱基础一般采用柱下独立基础，其常用形式是扩展基础。这种基础有阶梯形和锥形两类，由于与预制柱连接的部分做成杯口，故又称为杯形基础。当由于地质条件限制或附近有较深的设备基础或有地坑等，必须把基础埋得较深时，为了不使预制柱过长，可做成带短柱的扩展基础。它由杯口、短柱和底板组成，因为杯口位置较高，故亦称高杯口基础。对高杯口基础，当短柱很高时，为节约材料，也可做成空腹的，即用四根预制柱代替，再在其上浇筑杯底和杯口。

为减少现场混凝土浇筑量，节约模板，加快施工进度，亦可采用半装配式的板肋式基础，即将杯口和肋板预制，在现场与底板浇筑成整体。

在实际工程中，还有采用壳体基础。它适用于偏心距较小的柱下基础，也常用于烟囱、水塔和料仓等构筑物的基础。

在地基土较坚实而均匀的情况下，也有采用倒圆台或倒椭圆台基础的。

当上部结构荷载大，地基差，对不均匀沉降要求严的厂房，一般采用桩基础。

（二）计算底板受力钢筋

在前面计算基础底面地基土的反力时，应计入基础自身重力及基础上方土的重力，但是在计算基础底板受力钢筋时，由于这部分地基土反力的合力与基础及其上方土的自重力相抵消，因此这时地基土的反力中不应计入基础及其上方土的重力，即以地基净反力 p_n 来计算。基础底板在地基净反力作用下，在两个方向都将产生向上的弯曲，因此需在底板两个方向都配置受力钢筋。配筋计算的控制截面一般取柱与基础交接处或变阶处（对阶形基础），计算（两个方向）弯矩时，把基础视作固定在柱周边或变阶处（对阶形基础）的四面挑出的悬臂板。

（三）构造要求

1. 一般要求

轴心受压基础的底面一般采用正方形。偏心受压基础的底面应采用矩形，长边与弯矩作用方向平行，长、短边长的比值为 1.5~2.0，不宜超过 3.0。

锥形基础的边缘高度不应小于 200mm；阶形基础的每阶高度宜为 300~500mm。

混凝土强度等级不应低于 C15，一般用 C20 以上。基础下通常要做素混凝土（一般为 C15 或 C10）垫层，厚度一般采用 100mm，垫层面积比基础底面积大，通常每端伸出基础边 100mm。

底板受力钢筋一般采用 HRB335 或 HRB235 级钢筋，其最小直径不宜小于 8mm，间距不宜大于 200mm。当有垫层时，受力钢筋的保护层厚度不宜小于 35mm，无垫层时不宜小于 70mm。

基础底板的边长大于 3m 时，沿此方向的钢筋长度可减短 10%，但应交错布置。

对于现浇柱基础，如与柱不同时浇灌，其插筋的根数与直径应与柱内纵向受力钢筋相同。

插筋的锚固及与柱的纵向受力钢筋的搭接长度，应符合《混凝土结构设计规范》的规定。

2. 预制基础的杯口型式和柱的插入深度

当预制柱的截面为矩形及工字形时，柱基础采用单杯口形式；当为双肢柱时，可采取双杯口，也可采用单杯口形式。

预制柱插入基础杯口应有足够的深度，使柱可靠地嵌固在基础中，插入深度 h_1 应满足要求，同时 h_1 还应满足柱纵向受力钢筋锚固长度的要求和柱吊装时稳定性的要求，即应使 h_1 大于等于 0.05 倍柱长（指吊装时的柱长）。

3. 杯口的配筋构造

当柱为轴心或小偏心受压，且 $t/h_2 \geq 0.65$ 时，或大偏心受压，且 $t/h_2 \geq 0.75$ 时，杯壁可不配筋；当柱为轴心或小偏心受压且 $0.5 \leq t/h_2 < 0.65$ 时，杯壁可按要求构造配筋，钢筋置于杯口顶部，每边两根；在其它情况下，应按计算配筋。

4. 带短柱扩展基础（高杯口基础）设计要点

带短柱的扩展基础，其底面尺寸、底板冲切承载力验算和配筋计算，以及柱与杯口的连接构造等均与普通的扩展基础相同。下面仅简介短柱和杯口部分的计算和构造。

（1）短柱计算。

一般分别根据偏心矩的大小，按矩形截面混凝土偏心受压构件验算短柱底部截面。当 $e_0 < 0.225h$ 时，按矩形应力图形验算抗压强度；当 $0.225h \leq e_0 \leq 0.45h$ 时，考虑塑性系数 $\gamma = 1.75$ 验算其抗拉强度；当 $e_0 > 0.45h$ 或虽 $e_0 \leq 0.45h$，但抗拉强度验算不足时，则按钢筋混凝土对称配筋偏心受压构件验算其正截面受压承载力。

（2）杯口计算。

杯口的水平截面为空心矩形截面，可按工字形截面计算，根据上述 e_0 划分的条件，对杯底截面的混凝土抗压或抗拉承载力分别进行验算，或按钢筋混凝土构件以确定纵向钢筋，计算时应考虑工字形截面的特点。

（3）构造要求。

杯口的杯壁厚度 t 应满足：当柱截面高度为 600mm<h≤800mm，t≥250mm；800mm<h≤1000mm，t≥300mm；1000mm<h≤1400mm，t≥350mm；1400mm<h≤1600mm，t≥400mm。基础短柱符合下列情况时，其周边的纵向钢筋应按构造配筋，其直径采用 12~16mm，间距 300~500mm：偏心矩 e_0<0.225h，且满足混凝土抗压强度 f_c 时；e_0≥0.225h，且满足混凝土抗拉强度 f_t。当 0.225h<e_0≤0.45h，满足 f_c 但不满足 f_t 时，其受力方向每边的配筋率不应少于短柱全截面面积的 0.05%，非受力方向每边则按构造配筋。

基础短柱四角的纵向钢筋，应伸至基础底部的钢筋网上，中间的纵向钢筋应每隔 1m 左右伸下一根，并做 100mm 长的直钩，以支持整个钢筋骨架。其余钢筋应符合锚固长度 la 的要求。

基础短柱内的箍筋直径一般采用 8mm，间距不应大于 300mm，当短柱长边 h≤2000mm 时，采用双肢封闭式箍筋，当 h>2000mm 时，采用四肢封闭式箍筋。

基础短柱杯口杯壁外侧的纵向钢筋，与短柱的纵向钢筋配置相同。如在杯壁内侧配置纵向钢筋时，则应配置 150mm 的双肢封闭式箍筋。当 e0>h/6 时，杯口内的横向钢筋应按计算配置。

一般情况下，当满足下列要求时，其杯壁配筋。

①吊车吨位在 75t 以下，轨顶标高 14m 以下，基本风压小于 0.5kN/m²；

②基础短柱的高度不大于 5m；

③杯壁厚度符合前述要求。

六、屋面构件

（一）屋架、屋面梁的结构型式

1. 结构型式确定的原则

单层排架厂房的屋架（屋面梁）可以采用钢结构或混凝土结构（钢筋混凝土或预应力钢筋混凝土）。确定屋架（屋面梁）型式应遵循以下原则：

（1）外形与屋面排水坡度相适应；

（2）在制作简单的前提下，外形应尽量与其弯矩图相接近；

（3）尽可能使荷载作用于节点；

（4）腹杆的布置应尽量使长杆受拉，短杆受压，总长度最小，腹杆与弦杆的脚交角宜为 30°～60°。

2. 标准设计图的套用

设计时可以根据厂房的生产使用要求、跨度大小、有无吊车及吊车起吊质量和载荷状态等级、屋面建筑构造、现场条件及当地使用经验等因素直接套用标准图集。

混凝土屋面梁设计要点

（1）型式和尺寸。

根据使用要求，混凝土屋面梁一般可采用单坡、双坡工字形截面

（a）单坡屋面梁；（b）双坡屋面梁的实腹式屋面梁。6m 单坡屋面梁可采用 T 形截面），12m 和 15m 跨度的单坡梁，也可采用折线形。屋面梁的坡度常用 1/10（卷材防水）或 1/7.5（非卷材防水）。

屋面梁的外形和截面尺寸，应根据梁的跨度、屋面荷载、梁的侧向稳定性、纵向受力钢筋的排列要求和施工方便等条件确定。对于预应力混凝土屋面梁，一般情况下其截面尺寸可参考下列数字确定：

为减少模板类型及便于安装，梁端高宜取 300mm 的倍数，亦可取 100mm 的倍数，一般不应小于 600mm。上翼缘宽度应保证梁的侧向稳定并使屋面板有足够的支承长度，通常取 bf′＝300～320mm，hf′＝100mm。下翼缘尺寸应满足纵向受力钢筋的排列要求，一般可取 bf＝240mm，hf＝120～150mm。为减轻梁自重，腹板应尽量薄些，但应满足截面承载力要求及浇捣混凝土时的方便，当梁平卧浇捣时，最小厚度不应小于 60mm（15m 跨度及以下）或 80mm（18m 跨度）；直立浇捣时，不应小于 80mm；有预应力钢筋通过的腹板区段，则不应小于 120mm。靠近梁支座部分因剪力较大，故应分段适当加厚，梁端截面应由工字形转化成 T 形或矩形截面。在翼缘与腹板交接处应设计成斜坡以利于脱模。

（2）计算要点。

作用于梁上的荷载包括屋面板传来的全部荷载、梁自重以及有时还有天窗架立柱传来的集中荷载、悬挂吊车或其他悬挂设备的重力。

屋面梁可按简支受弯构件计算荷载效应，设计计算内容主要包括：使用阶段正截面受弯承载力和斜截面受剪承载力计算；使用阶段变形和裂缝验算（对非预应力梁，需进行裂缝宽度验算，对预应力梁则应按抗裂等级要求进行抗裂验算）；施工阶段（包括张拉或放张预应力筋时，梁的翻身扶直、吊装运输时等）的验算等；必要时还要对整个梁进行抗倾

覆验算。

双坡梁正截面计算的控制截面一般位于（1/2~1/3）L（L为跨度）处，通常可沿跨度方向每隔1.0~1.5m计算一组内力，同时对变厚度截面、集中力较大处的截面（如天窗架立柱下）亦应计算。

在计算变高度梁的刚度时，可求出几个特征截面的刚度及相应的曲率M/B，将相邻截面的值用直线连起来，这样得出近似曲率图形，再按虚梁法计算梁的挠度。

施工阶段梁的内力可按下列原则计算：

当L<12m时，在上翼缘可设置两个吊点，翻身扶直时上翼缘的内力，按两端伸臂的单跨简支梁计算；当L≥12m时，应设置不少于三个吊点，按两跨伸臂连续梁计算。运输时，一般采用两点支承。吊装时，利用翻身扶直时的吊点进行吊装，其内力按端部悬臂梁计算。

（3）一般构造。

钢筋混凝土屋面梁的混凝土强度等级，一般采用C20~C30，当设有悬挂吊车时，不应小于C30；预应力梁则一般采用C30~C40以上，当设有悬挂吊车时，不应小于C40，如施工条件可能时，也可采用C50。

预应力钢筋宜采用冷拉Ⅳ级钢筋、碳素钢丝或钢绞线等。纵向非预应力钢筋，应优先采用HRB400或HRB335级钢筋，亦可采用HPB235级钢筋。箍筋宜采HPB235或HRB335级钢筋。

3. 屋架设计要点

（1）型式和尺寸。

1）混凝土屋架。

混凝土屋架有钢筋混凝土屋架和预应力钢筋混凝土屋架，屋架的型式主要有三角形、折线形和梯形等。当跨度在15~30m时，一般应优先选用预应力混凝土折线形屋架；当跨度在9~15m时，可采用钢筋混凝土屋架；对预应力结构施工有困难的地区，跨度为15~18m时，也可选用钢筋混凝土折线形屋架；当屋面材料为石棉瓦等轻屋面且跨度不大时，可选用三角形屋架。

2）钢屋架。

钢屋架主要有三角形、梯形、矩形和曲拱形等型式。

常用的三角形屋架的形式主要用于屋面坡度较大的有檩屋盖体系，适用于中小跨度厂房的轻型屋面结构。三角形屋架的腹杆有单斜杆式、人字式和芬克式等几种，单斜杆式中较长的斜杆受拉，较短的竖杆受压，比较经济。人字式腹杆数量较少，节点构造简便。芬克式的腹杆受力合理，还可以分成左右两榀较小的屋架，便于运输。

常用的梯形屋架的形式其受力情况较三角形好，一般用于屋盖坡度较小的屋盖结构，适用于荷载和跨度较大的厂房。梯形屋架的腹杆体系可以采用人字式和再分式。人字式布置方式不仅可以使受压上弦的自由长度比受拉弦小，还能使大型屋面板的支撑点搁置在节点上，避免产生局部弯矩。若人字式节间过长，可以采用再分式布置形式。

矩形屋架的上、下弦平行，腹杆长度一致，杆件类型少，节点构造统一，便于制作，多用于托架、支撑以及单坡屋面体系中。矩形屋架的腹杆体系可以采用人字式、交叉式和 K 式。人字式腹杆数量少，节点简单，交叉式常用于受反复荷载的桁架中，有时斜杆可用柔性杆，K 形腹杆用于桁架较高时，可减少竖杆的计算长度。

曲拱形钢屋架外形与均布荷载作用下弯矩图最接近，因此受力最合理，但是弯曲弦杆施工难度大。

3）外形主要尺寸。

三角形屋架高跨比一般采用 1/4～1/6，梯形和折线形屋架高跨比一般采用 1/10～1/6。

双坡折线形屋架的上弦坡度可采用 1/5（端部）和 1/15（中部），单坡折线形屋架的上弦坡度可采用 1/7.5，这既适用于卷材防水屋面，也适用于非卷材防水屋面。梯形屋架的上弦坡度可采用 1/7.5（用于非卷材防水屋面）或 1/10（用于卷材防水屋面）。

屋架节间长度要有利于改善杆件受力条件和便于布置天窗架及支撑。上弦节间长度一般采用 3m，个别的可用 1.5m 或 4.5m（当设置 9m 天窗架时）。下弦节间长度一般采用 4.5m 和 6m，个别的可用 3m。第一节间长度宜一律采用 4.5m。

当屋架的高跨比符合上述要求时，一般可不验算挠度。

屋架跨中起拱值，钢屋架可采用 L/600；钢筋混凝土屋架可采用 L/700～L/600；预应力屋架可采用 L/1000～L/900。此处 L 为屋架跨度。

（2）荷载和荷载效应组合。

1）屋架的荷载。

作用于屋架上的荷载包括屋面板传来的全部荷载、屋架自重以及有时还有天窗架立柱传来的集中荷载、悬挂吊车或其它悬挂设备的重力等。屋架和支撑的自重可近似按经验公式估计（按照水平面荷载计算，L 为屋架跨度，单位为 m）：钢屋架：$0.011L \text{kN/m}^2$；混凝土屋架：$(0.025～0.03) L \text{kN/m}^2$ 估算；钢支撑：0.12kN/m^2；钢筋混凝土系杆：0.25kN/m^2。计算屋架下弦时，尚应考虑排架传来的水平拉力（由排架计算确定），如系压力，则不予考虑。

2）荷载组合。

为了求杆件的最不利内力，必须对作用于屋架上的荷载进行组合，一般在使用阶段应考虑下列几种荷载的组合：

①恒荷载+全跨屋面活荷载（当雪荷载标准值大于屋面活荷载时取雪荷载）+全跨积灰荷载+全跨其它荷载等；

②恒荷载+半跨屋面活荷载（当雪荷载标准值大于屋面活荷载时取雪荷载）+半跨积灰荷载+半跨其它荷载等；

③（屋架安装时的验算）屋架自重+半跨屋面板自重+安装活荷载（0.5kN/m^2）。

（3）杆件截面设计。

1）混凝土弦杆设计。

①截面尺寸。

混凝土屋架的上、下弦杆及端斜压杆，应采用相同的截面宽度，以便于施工制作。上弦截面宽度，应满足支承屋面板及天窗架的构造要求，一般不应小于200mm，高度不应小于160mm（9m屋架）或180mm（12~30m屋架）。钢筋混凝土屋架的下弦杆的截面宽度一般不小于200mm，高度不小于140mm；预应力钢筋混凝土屋架下弦杆截面尺寸，尚应满足预应力钢筋孔道的构造要求。腹杆的截面宽度，一般宜比弦杆窄，截面高度应小于或等于截面宽度（腹杆的截面宽度和高度，分别指其在屋架平面外和内的尺寸），其最小截面尺寸一般不小于120mm×100mm。组合屋架块体拼接处的双竖杆，每一竖杆的截面尺寸可为120mm×80mm，当腹杆长度及内力均很小时，亦可采用100mm×100mm。此外，腹杆长度（中心线距离）与其截面短边之比，不应大于40（拉杆）或35（压杆）。

②材料。

钢筋混凝土屋架的混凝土强度等级，宜采用C30以上；预应力混凝土屋架宜采用C40以上，但小跨度（如l≤18m）屋架以及某些受力较小的预制腹杆，也可采用C30，对大跨度屋架，当荷载较大且施工条件允许时，应尽量采用C50以上。屋架的钢筋选用要求与屋面梁相同，不再赘述。

③截面计算。

当屋架有节间荷载时，上弦杆同时承受轴向力和弯矩，此时应选取内力的不利组合，按偏心受压构件进行截面配筋计算。在屋架平面内计算上弦的跨中截面时应考虑纵向弯曲的影响，这时计算长度l0可取该节间长度；计算节点处截面时可不考虑纵向弯曲的影响。上弦杆平面外的承载力可按轴心受压构件验算，这时其计算长度l0可取：当屋面板宽度不大于3m且每块板与屋架有三点焊接时，取3m；当为有檩体系时，可取横向支撑与屋架上弦连接点之间的距离（连接点应有檩条贯通）。

下弦杆截面计算：当不考虑其自重产生的弯矩时，按轴心受拉构件设计；当考虑自重产生的弯矩，或者有节间荷载时，应按照偏心受拉构件设计。

同一腹杆在不同荷载效应组合下，可能受拉也可能受压，故应按轴心受拉或轴心受压构件设计。腹杆在屋架平面内的计算长度 l0 可取 0.81，但梯形屋架端斜压杆应取 l0 = 1；在屋架平面外可取 l0 = 1，此处 l 为腹杆长度，按轴心线交点之间的距离计算。

2）钢弦杆的设计。

①计算长度及长细比。

由于屋架节点非理想铰，杆件在节点受到约束，因此，杆件的计算长度不应等于杆件的几何长度，而应根据节点约束的影响。

为了保证钢屋架杆件在运输、安装和使用阶段的正常使用，无论压杆或拉杆，都应保证一定的刚度要求，即符合规范规定的容许长细比要求。在钢屋架中，对受压杆件，长细比不应超过 150，对受拉杆件长细比不应超过 350。

②截面形式及一般要求。

钢屋架杆件的截面形式应便于相邻杆件的连接，一般采用 T 形、十字形等，为了节省材料，尽量取 $\lambda_x = \lambda_y$，另外杆件应具有必要的刚度，弦杆平面外的刚度要适当加强，以适应运输和吊装的要求。

4. 屋架节点

节点的作用是使所有汇交于节点的各杆件通过节点的连接相平衡，受力相当复杂。节点是保证屋架能起到预期结构作用的重要部分，因此必须予以重视。

（1）混凝土屋架节点。

屋架端节点特别重要，因为此处下弦杆和上弦杆或端斜腹杆汇交，而且屋架的支座反力较大，如为预应力屋架，则还有相当大的张拉力。一般情况下，端节点宽度与上、下弦杆相同，高度应局部加大以满足节点的受力及构造要求，一般取节点高度为 500~700mm。由于端斜（腹）杆所引起的水平剪力往往很大，因而端节点应有足够的水平长度，一般取 700~900mm 端节点突出下弦底部不宜小于 50mm。端节点处斜腹杆与下弦的内夹角应做成圆弧形，以减小应力集中。

端节点的箍筋应倾斜布置，方向应垂直于端斜腹杆的轴线。箍筋直径不应小于 8mm，间距不应大于 100mm。在靠近内夹角的四周应有 4 根以上箍筋，其间距不应大于 50mm。

后张法预应力屋架，由于张拉下弦预应力钢筋将使端部（端节点）承受很大的局部压力，因此应在端部一定范围内设置焊接钢筋网片或螺旋钢筋。

钢筋混凝土屋架下弦纵向钢筋应焊在节点端头的锚固角钢和钢板上，并应对此进行验算。

中间节点突出弦杆边缘尺寸不宜过大，其高度应根据腹杆的布置、悬挂吊车的轨道连接和支撑连接等条件确定。一般突出上弦的高度可取为 100~200mm，突出下弦的高度可取为 120~240mm。节点与腹杆的接触面一般与腹杆轴线相垂直，当腹杆内力较小时，可与腹杆斜交。

预制腹杆在节点内的插入长度，对受压、受拉腹杆应分别不小于 40mm 及 100mm；当预应力芯棒做腹杆时按计算确定。预制腹杆插入部分宜做成锯齿形，以增强锚固。

下弦中间节点沿突出部分的周边应配置周边钢筋和箍筋，见图 2-63 中的节点。周边钢筋的作用是为了防止外边转折处开裂，加强腹杆的锚固，以及抵抗节点间杆件应力差所引起的剪力。周边钢筋宜采用变形钢筋，其直径一般不宜小于 10~12mm，伸入下弦长度（从上弦上边线算起）一般不应小于 30d（d 为周边钢筋直径）。节点内严禁使用开口箍筋，其直径一般采用 8~10mm，间距不应大于 100mm。

（2）钢屋架节点。

① 节点设计的一般原则。

在节点设计时，应遵循以下一般原则。

A. 各杆件的重心线应尽量与屋架几何轴线重合，并汇交于节点中心。但考虑到制作方便，角钢肢背到屋架轴线的距离可取 5mm 的倍数。螺栓连接的屋架可采用靠近杆件重心线的螺栓准线为轴线。

B. 对变截面弦杆，宜采用肢背平齐的连接方式，以便于搁置屋面构件，变截面的两部分（角钢）重心线的中线应与屋架几何轴线重合。如果轴线变动 e 小于较大弦杆截面高度的 5%，计算时可不考虑由此引起的偏心；如果 e 大于较大弦杆截面高度的 5%，或节点处有较大的偏心弯矩时，应根据交汇于节点各杆件的刚度，将偏心弯矩分配到各杆件上，此时应按照偏心受力构件进行杆件截面设计。

C. 节点板上各杆件之间的净距不宜小于 20mm，以防止焊缝过于集中，引起局部材料的劣化。

D. 杆件端部宜采用直切，即切割面与轴线垂直，有时为了减小节点板尺寸而采用斜切时，但不可采用的切割方法。

E. 为了节约钢材和减少切割工作量，节点板的形状应力求简单规则，一般应有两条平行边，可采用矩形、平行四边形和直角梯形等，必须避免凹角，以防止产生应力集中。

F. 节点板边缘与杆件轴线夹角不宜小于 15°，节点板的尺寸应使连接焊缝中心受力。

② 节点的计算和构造。

节点设计应首先由各杆件连接焊缝的长度和焊脚尺寸等确定节点板的尺寸和形状，然后验算弦杆和节点板的连接，一般节点的设计宜和屋架施工图结合进行，以利于直观确定杆件与杆件和杆件与节点板的相互关系。

A. 一般节点：系无集中荷载且无弦杆拼接的节点。计算腹杆与节点板连接焊缝时，杆件的内力按照杆件的最大内力取值，而计算弦杆与节点板连接焊缝时，杆件的内力按照两节间之间的最大内力差取值。

B. 有集中荷载的节点：验算弦杆与节点板连接焊缝时，首先按照承担的集中力计算垂直于焊缝长度方向的应力 σ_f，然后按照轴向力的差值计算平行与焊缝方向的剪应力 τ_f，最后验算在两个方向综合作用下焊缝的强度。

C. 弦杆的拼接节点：拼接角钢采用与弦杆相同的截面，一般上弦拼接位于屋脊节点，下弦拼接位于跨中央，芬克式三角形屋架设在下弦中间杆的两端。拼接角钢应切肢割棱，它引起的截面削弱（一般不超过原来截面的15%）由节点板补偿。对屋脊处拼接的角钢，一般应采用热弯成型，当弯折角度较大且角钢较宽不易弯折时，宜将竖肢切口后再热弯对焊。为了使拼接节点能正确定位施焊，焊接前需要安装螺栓将节点板夹紧固定。拼接角钢的长度应按被连接杆件最大内力所确定的焊缝（一侧共四条）长度 lw 确定，l≥2（lw+10）+d，对下弦杆取 d=10~20mm，对上弦杆取 d=30~50mm，l 不宜小于600mm。计算上弦杆与节点板的焊缝时，假定节点荷载 P 由上弦角钢肢背处的塞焊承担，角钢肢尖与节点板的连接焊缝按照上弦杆内力的15%计算，且考虑它产生的力矩。下弦杆与节点板的连接计算时，可按照两侧下弦较大内力15%和两侧下弦内力差的较大值计算，当拼接节点处有悬挂物等外荷载时，应按照该较大值与外荷载的合力进行计算。

D. 支座节点：支座节点包括节点板、加劲肋、底板和锚栓等。支座节点的传力路线是：屋架杆件的内力通过连接焊缝传给节点板，然后经节点板和加劲肋把力传给底板，最后传给柱子等支撑构件。因此，支座节点的计算包括底板计算、加劲肋及其焊缝和底板焊缝的计算。支座底板所需净面积的确定方法同柱脚底板。节点板、加劲肋与底板的水平焊缝可按均匀传递支座反力计算，加劲肋与节点板的垂直焊缝可假定其承担支座反力25%计算，并考虑焊缝为偏心受力。加劲肋的作用是加强支座底板刚度，以便均匀传递支座反力并增强节点板的侧向刚度，它需设置在支座节点中心处，为了便于节点施焊，下弦杆和支座底板间应留有不小于下弦水平肢宽且不小于130mm的距离 h。锚栓预理于支撑构件的混凝土中，直径一般取20~25mm，底板上的锚栓孔直径一般为锚栓直径的2~2.5倍，可开成圆孔或椭圆孔，以便于安装时调整位置。当屋架调整到设计位置后，将垫板套住锚栓与底板焊接以固定屋架，垫板的孔径比锚栓直径大1~2mm，厚度可与底板相同。

屋架翻身扶直时的验算。

钢筋混凝土屋架一般平卧制作，翻身扶直时的受力情况与使用阶段不同，此时下弦不离开地面，整个屋架绕下弦转动，故应进行验算。翻身扶直时的受力与起吊方法有关，一般可近似将上弦视作连续梁，计算其平面外的弯矩，并按此验算上弦杆的承载力和抗裂度。这时，除上弦自重外，还应将腹杆重量的一半传给上弦的相应节点（腹杆由于其自重弯矩很小，不必验算）。动力系数一般取 1.5，但根据具体情况可适当增减。

七、某单层排架厂房结构检测与鉴定

单层排架结构的厂房是二十世纪我国工厂主要采用的结构之一，由于使用年代久远，这种厂房在使用的过程中结构性能逐渐退化，安全性问题不断显现。

近年来业内对此类结构的安全性与抗震性能进行了检测鉴定，其方法各有异同，本节结合某单层排架厂房结构检测鉴定的实例，介绍了该类工程检测鉴定的方法。

（一）工程概况

某单层钢筋混凝土排架结构厂房，排架柱网轴线尺寸为 6 m，柱间跨度为 15 m，建筑面积 1 029.1 m²。该厂房建于 20 世纪 80 年代，使用至今已有 20 余年，建成初期，其围护砖墙出现多条斜裂缝并不断发展，针对此情况业主曾对其地基进行了加固，并采用型钢加固了开裂墙体，墙体裂缝得到了一定的控制，但近年厂房工人反映时常可听到厂房屋面出现异常响动，并怀疑厂房主体结构已经出现变形，现场观测发现该结构墙体裂缝至今仍有发展的迹象。

（二）现场检测内容及结果

1. 场地及地基基础情况调查

该工房建于沟底，建设场地为 I 级非自重湿陷性黄土，地基处理采用 3:7 灰土处理，条基处理深度为 500 mm，每边宽处基础底 300 mm，杯形基础处理深度 1 000 mm，每边宽处基础 400 mm，要求灰土干容重大于 1.6 g/cm³。柱基础采用钢筋混凝土杯形基础，混凝土强度等级为 150 号，垫层用 75 号素混凝土。1993 年曾对该厂房北侧室外散水及路面进行修整，当时中部吊车附近室外路面层出现约 70 m² 的凹陷，凹陷深度为 30 cm。目前室外硬化地面可见通长地面开裂。

2. 结构变形现状检测

（1）排架柱变形现状检测。

采用全站仪对排架柱垂直度进行检测，柱平面外倾斜量的限值 $H/750 = 10.33$ mm（$H = 7\,750$ mm 为柱高），大部分柱的倾斜量已超过该限值，该部分柱子按混凝土构件评级应评为 C 级构件，其中 16 个柱子柱平面外倾斜量超过 $H/500 = 15.5$ mm 的限值，该部分柱子按混凝土构件变形应评为 D 级。整体看来，工房排架结构呈扭曲状，且柱倾斜值较大，已经对排架结构受力产生较大不利影响。

（2）屋面梁构件变形现状观测。

采用全站仪对该厂房内屋面梁的梁两端高差、竖向挠度进行了观测，其中每个梁构件布置 3 个测点。根据观测结果，该工房混凝土屋架梁的最大挠度值为 1/500 均未超过表中允许挠度变形限值 1/450，目前屋架下挠情况不影响其正常使用。从总体观测，目前厂房屋架南端梁底标高普遍高于北端梁底标高，表现出一定的整体规律性。

（3）围护墙体整体侧移观测。

采用全站仪对该工房围护墙体整体侧向倾斜进行了观测。经计算，发现该结构墙体顶点最大侧移值为 66.2 mm。该结构墙体倾斜量已经超过 D 级限值 60 mm。

（4）围护墙体沉降观测。

采用全站仪对该工房围护墙体沉降进行了观测。观测过程以窗户过梁底面（即该结构圈梁底面）为测试水平线，由观测结果知，该结构北边墙体沉降差值较大，最大差值达到 105 mm，同时相邻测点最大沉降差达到 39 mm，局部沉降差值过大。

3. 材料强度检测

（1）混凝土材料强度检测。

现场对排架柱结构混凝土实际强度进行检测，依据设计图纸，排架柱混凝土设计强度等级为 250 号。采用满足现场客观条件的回弹法检测排架结构混凝土实际强度。由检测结果知混凝土强度试验值最大为 33.1 MPa，最小为 26.6 MPa，回弹法测抗压强度试验结果较为均匀。由于构件碳化深度大，为使排架结构承载力校核计算结果更加安全可靠，故以本次鉴定在计算时将排架柱混凝土强度等级按 C20 取值。

（2）围护墙砌筑砂浆强度。

采用贯入法检测、评定该工房围护墙砌筑砂浆的实际抗压强度。现场在该工房内部随机共抽取 6 个测区，依据检测结果，该工房围护墙体砌筑砂浆的实际检测强度可评定为 0.75 MPa，砂浆强度较低，砌筑质量差，部分砂浆呈粉末状。

4. 结构安全性及结构抗震鉴定

依据 GB 50144-2008 工业建筑可靠性鉴定标准、GB 50223-2008 建筑工程抗震设防分类标准、GB 50023-2009 建筑抗震鉴定标准等的有关规范条文对该厂房现有结构进行鉴定。

（1）场地、地基和基础。

按地基变形观测资料或上部结构反映的检查结果对地基安全性进行评级。根据上部结构现状结果，该结构围护墙体出现与地基基础不均匀沉降有关的整体侧移，该结构地基基础安全性等级为 Cu 级。该结构属于 8 度设防时的乙类建筑,根据上部结构整体垂直度、沉降现状及墙体裂缝现状的检测结果,可判断该建筑地基基础现状无严重静载缺陷。

依据 GB 50023-2009:地基主要受力层范围内不存在软弱土、饱和沙土和饱和粉土或严重不均匀土层的乙类、丙类建筑,可不进行地基基础的抗震鉴定。

(2)上部结构鉴定。

上部承重结构子单元的安全性鉴定评级,应按结构整体性和承载功能两个项目进行评定,并取其中较低的评定等级作为上部承重结构子单元的安全性等级。对乙类建筑应按设防烈度 9 度对结构抗震措施进行核查。

1)结构整体性的评定应根据结构布置和构造、支撑系统两个项目中的较低等级作为结构整体性的评价等级。

根据上述结构布置和构造、支撑系统两方面级评级结果,依据 GB 50144-2008,上部承重结构子单元的安全性等级按构件的整体性等级评为 Bu 级。

2)按结构承载功能的等级进行评级。

根据现场检测结果,采用 PKPM 对该工房现有结构分别进行建模计算,依据《工业建筑可靠性鉴定标准》,将上部结构分为 12 榀框架平面计算单元,考虑到排架结构的相同性,故只选择其中的一榀框架进行计算。

3)上部结构抗震鉴定。

厂房跨度为 15 m,柱距为 6 m,场地类别为Ⅲ类,屋盖采用钢筋混凝土屋面梁,不符合 GB 50023-2009 第 8.3.1 条 3 规定的按 9 度设防时屋架宜为钢屋架的要求。厂房屋盖采用 15 m 跨度薄腹梁无檩屋盖,未在厂房单元两端设置竖向支撑,不符合 GB 50023-2009 第 8.3.3 条 2 规定的“8 度~9 度时跨度不大于 15 m 的薄腹梁无檩屋盖,屋架支撑系统布置和构造可仅在厂房单元两端各有竖向支撑一道”要求。

9 度时屋面梁与柱子连接宜用螺栓;屋面梁端部支承垫板的厚度不宜小于 16 mm,9 度时柱顶预埋件的锚筋 $4\phi16$(As = 803.8 mm^2),有柱间支撑的柱子,柱顶预埋件还应有抗剪钢板;柱间支撑与柱连接点预埋件的锚件,9 度宜采用角钢加端板。而该厂房屋面梁与柱子采用 2 根 $\phi20$ 螺栓连接,支承垫板厚度仅为 8 mm,锚筋为 6.12(As = 678.2 mm^2)。不符合 GB 50023-2009 的相关要求。

柱间支撑的有关连接部位柱顶预埋件有抗剪钢板,抗剪钢板采用螺栓连接,但螺栓锚固不紧,故厂房结构构件现有连接不符合规范要求,需采取相应的加强措施。

综上所述,该厂房在排架的构造与配筋、厂房结构现有的连接构件、围护结构的连接构造等方面不满足 GB 50023-2009 建筑抗震鉴定标准相关抗震鉴定要求,应评为结构综合抗震性能不满足抗震鉴定要求。

不考虑抗震设防时的结构静力安全性鉴定结论。该厂房现有结构安全性等级均评为三级，在不考虑抗震设防时的结构静力状态下，该工房不满足日常安全使用要求，需做必要的加固处理。

考虑抗震设防时的结构抗震鉴定结论。该厂房现有结构的综合抗震性能不满足抗震鉴定要求，达不到该地区设防烈度（8 度 0.20g）的抗震设防要求，不具备充分抵御地震灾害的功能。建议对厂房现有结构采取抗震加固措施，以提高结构抗震防灾能力，避免严重震害对生命财产造成损失。

第二节　多层框架结构设计及优化

框架结构是多层房屋的常用结构形式。在高层建筑中，框架结构单元常常与其它结构单元（支撑、剪力墙、筒体）组合，构成框架—支撑、框架—剪力墙、框架—筒体等结构体系。多层框架结构广泛应用于办公楼、旅馆、住宅、厂房、仓库等民用和工业建筑中。本章主要介绍多层框架的结构布置；框架结构在竖向和水平荷载作用下的近似分析方法；混凝土框架梁柱构件的设计要点；钢框架梁柱构件及其连接的设计方法；钢骨混凝土梁柱构件的受力特性、设计方法以及连接构造；框架结构常用基础的设计方法。最后提供一个完整的框架结构设计例题。

一、多层框架结构的组成与布置

（一）多层框架结构的组成

框架结构由柱和梁组成。一般柱子垂直布置，梁水平布置。屋面由于排水或其它方面的要求，也可布置成斜梁。梁柱连结处一般为刚性连接；有时为便于施工或由于其它构造要求，也可将部分节点做成铰节点或半铰节点。当梁、柱之间全部为铰接时，也称为多层排架。刚性连接的梁比普通梁式结构要节约材料，结构的横向刚度较好，横梁的高度也较小，因而可增加房屋的净空，是一种比较经济的的结构形式。柱支座一般为固定支座，必要时也可设计成铰支座。

框架可以是等跨或不等跨，层高可以相等或不完全相等。有时因工艺要求而在某层抽柱或缺梁形成复式框架。框架结构为高次超静定结构，既承受竖向荷载，又承受侧向作用力（风荷载或地震作用等）。为利于结构受力，框架梁宜拉通、对直，框架柱宜上、下对中，梁柱轴线宜在同一竖向平面内。有时由于使用功能或建筑造型上的要求，框架结构也可做成抽梁、抽柱、内收、外挑等。

框架结构有实腹式、格构式以及横梁为格构式、柱为实腹式的混合式框架。实腹框架梁的横截面一般为矩形或梯形截面。混凝土框架柱的截面形式常为矩形或正方形，有时由于建筑上的要求，也可设计成圆形、八角形、T 形等。钢框架柱的截面形式常采用 H 形或箱形。实腹式框架外形简捷美观，制造和施工简单，安装省工，但材料利用率低。当结构跨度较大时，可采用格构式框架。格构式框架刚度较大，用钢省，其外形与净空布置比实腹式框架灵活，但制造加工和安装较为复杂。混合式框架的目的主要是减轻横梁自重，增加结构刚度。当楼盖为现浇板时，可将楼板的一部分作为框架梁的翼缘予以考虑，即框架梁截面为 T 或 Γ 形；当采用预制板楼盖时，为减小楼盖结构高度，增加建筑净空，混凝土框架梁截面常为十字形或花篮形；这时也可将预制梁做成 T 形截面，在预制板安装就位以后，再现浇部分混凝土，使后浇混凝土与预制梁共同工作即成为叠合梁，这样一方面保证了梁的有效高度和承载力，另一方面可将梁板有效地连成整体，改善结构的抗震（振）性能。预制梁可以是钢筋混凝土梁，也可以是钢梁。

在框架结构中，常因功能需要而设置非承重隔墙。隔墙位置较为固定并常采用砌体填充墙。当考虑建筑功能可能变化时，也可采用轻质分隔墙，灵活分隔。砌体填充墙是在框架施工完后砌筑的，砌体填充墙的上部与框架梁底之间必须用砌块"塞紧"。墙与框架柱有两种连接方法，一种是柱与墙之间留缝，并用钢筋柔性连接，计算时不考虑填充墙对框架抗侧刚度的影响；另一种是刚性连接，在多遇水平地震作用下，框架侧向变形时，填充墙起着斜压杆的作用，从而提高了框架的抗侧移能力，在罕遇水平地震作用下，填充墙也能对防止倒塌起积极的作用。

（二）框架结构分类

框架结构按所用材料的不同，可分为钢结构、混凝土结构和钢骨混凝土结构。钢框架结构一般是在工厂预制钢梁、钢柱，运送到施工现场再拼装连接成整体框架，具有自重轻，抗震（振）性能好，施工速度快，机械化程度高等优点，但用钢量稍大，耐火性能差，后期维修费用高，造价略高于混凝土框架。目前钢框架在我国应用还不多。随着我国钢材产量的迅速增加，品种增多，钢结构设计和施工技术的不断提高，钢框架的运用将有良好的前景。混凝土框架结构由于其取材方便，造价低廉，耐久性好，可模性好等优点，在我国得到了广泛的应用。目前我国绝大部分框架结构均为钢筋混凝土结构。为节省材料、减小梁高，可对框架梁施加预应力，也可对整个框架结构整体施加预应力。此外，还可采用钢骨混凝土梁、柱构件组成组合框架结构。在结构受力较大，尤其是抗震区的多高层框架结构中，钢管混凝土以其良好的受力性能日益受到工程师的瞩目。

钢框架的施工方法是工厂制作，工地连接安装，属于装配式框架结构，即将钢框架构件在工厂预制，运到现场后，通过各种连接手段装配成整体框架。

钢筋混凝土框架结构按施工方法的不同，可分为全现浇式、半现浇式、装配式和装配整体式等。

全现浇式框架即梁、柱、楼盖均为现浇钢筋混凝土。一般是每层的柱与其上部的梁板同时支模、绑扎钢筋，然后一次浇捣混凝土，自基础顶面逐层向上施工。板中的钢筋应伸入梁内锚固，梁的纵筋应伸入柱内锚固。因此，全现浇式框架结构的整体性好，抗震性能好，其缺点是现场施工的工作量大，工期长，并需要大量的模板。

半现浇式框架是指梁、柱为现浇，楼板为预制，或柱为现浇，梁板为预制的结构。由于楼盖采用了预制板，因此可以大大减少现场浇捣混凝土的工作量，节省大量模板，同时可实现楼板的工厂化生产，提高施工效率，降低工程成本。

装配式框架是指梁、柱、楼板均为预制，通过焊接或其它连接拼装手段连成整体的框架结构。由于所有构件均为预制，可实现标准化、工厂化、机械化生产。装配式框架造价较高。由于在焊接接头处均必须预埋连接件，增加了整个结构的用钢量。装配式框架结构的整体性较差，抗震能力弱，不宜在抗震设防区应用。

装配整体式框架是指梁、柱、楼板均为预制，在吊装就位后，焊接或绑扎节点区钢筋，通过浇捣混凝土，形成框架节点，从而将梁、柱及楼板连成整体框架结构。装配整体式框架既具有良好的整体性和抗震能力，又可采用预制构件，减少现场浇捣混凝土工作量，且可省去接头连接件，用钢量少。因此，它兼有现浇式框架和装配式框架的优点。但其缺点是节点区现场浇筑混凝土施工难度大。

（三）框架结构布置

1. 柱网布置

柱网是竖向承重构件的定位轴线在平面上所形成的网格，是框架结构平面的"脉络"。框架结构的柱网布置既要满足建筑平面布置和生产工艺的要求，又要使结构受力合理，构件种类少，施工方便。此外，柱网布置应力求避免凹凸曲折和高低错落。

（1）柱网布置应满足生产工艺的要求。

在多层工业厂房设计中，生产工艺的要求是厂房平面设计的主要依据，主要有内廊式、统间式、大跨度式等几种。与此相应，柱网布置方式可分为内廊式、等跨式、对称不等跨式等几种。

一般厂房的跨度多为 6.0m，6.9m，7.5m，9m，12m 等，有的厂房的跨度有时达到

18m。内廊式中间跨的走廊跨度常为2.4m，2.7m或3m。

（2）柱网布置应满足建筑平面布置的要求。

在民用建筑中，柱网布置应与建筑分隔墙布置相协调。

例如，在旅馆建筑中，建筑平面一般布置成两边为客房、中间为走道。这时，柱网布置可有两种方案：一种是将柱子布置在走道两侧，即走道为一跨，客房与卫生间为一跨；另一种是将柱子布置在客房与卫生间之间，即将走道与两侧的卫生间并为一跨，边跨仅布置客房。

在办公楼建筑中，一般是两边为办公室，中间为走道，这时可将中柱布置在走道两侧。而当房屋进深较小时，亦可取消一排柱子，布置成为两跨框架。

（3）柱网布置要使结构受力合理。

多层框架主要承受竖向荷载。柱网布置时，应考虑到结构在竖向荷载作用下内力分布均匀合理，各构件材料强度均能充分利用。在竖向荷载作用下，很显然框架A的梁跨中最大弯矩、梁支座最大负弯矩及柱端弯矩均比框架B大；尽管由力学分析知方案B所示框架的内力比方案要A所示框架大，但当结构跨度较小，层数较少时，方案A框架往往按构造要求确定截面尺寸及配筋量，而方案B框架则在抽掉了一排柱子以后，其它构件的材料用量并无多大增加。

纵向柱列的布置对结构受力也有影响，框架柱距一般可取建筑开间。但当开间小，层数又少时，柱截面设计时，常按构造配筋，材料强度不能充分利用，同时过小的柱距也使建筑平面难以灵活布置，为此可考虑柱距为两个开间。

（4）柱网布置应便于施工。

建设设计及结构布置时均应考虑施工方便，以加快施工进度，降低工程造价。例如，对于装配式结构，既要考虑到构件的最大长度和最大重量，使之满足吊装、运输装备的限制条件，又要考虑到构件尺寸的模数化、标准化，并尽量减少规格种类，以满足工业化生产的要求，提高生产效率。现浇框架结构尽管可不受建筑模数和构件标准的限制，但结构布置亦应尽量使梁板布置简单、规则，以方便施工。

2. 承重框架的布置

在一般情况下，柱在两个方向均应有梁拉结，亦即沿房屋纵横方向均应布置梁系。因此，实际的框架结构是一个空间受力体系。但为计算分析方便起见，可把实际框架结构看成纵横两个方向的平面框架。沿建筑物长方向的称为纵向框架，沿建筑物短向的称为横向框架。纵向框架和横向框架分别承受各自方向上的水平力，而楼面竖向荷载则依楼盖结构布置方式而按不同的方式传递：如为现浇平板楼盖，向距离较近的梁上传递；对于预制楼盖，则传至搁置预制板的梁上。一般应该在承受较大楼面竖向荷载的方向上，布置主梁，而另一方向上则布置次梁。

按框架布置方案和传力线路的不同，框架的布置方案有横向框架承重，纵向框架承重和纵横向框架双向承重等几种。

（1）横向框架承重方案。

横向框架承重方案是在横向布置框架主梁，而在纵向布置连系梁。框架在横向承受全部竖向荷载和横向水平荷载，纵向框架只承受纵向水平荷载。横向框架往往跨数少，主梁沿横向布置有利于提高横向抗侧刚度。而纵向框架则往往跨数较多，所以在纵向仅需按构造要求布置连系梁。这有利于房屋室内的采光与通风。

（2）纵向框架承重方案。

纵向框架承重方案在纵向上布置框架主梁，在横向上布置连系梁，如图3-9b所示。框架纵向为主框架，承受全部竖向荷载和纵向水平荷载，横向框架只承受横向水平荷载。因为楼面荷载由纵向梁传至柱子，所以横梁高度较小，有利于设备管线的穿行；当在房屋开间方向需要较大空间时，可获得较高的室内净高；另外，当地基土的物理力学性能在房屋纵向有明显差异时，可利用纵向框架的刚度来调整房屋的不均匀沉降。纵向框架承重方案的缺点是房屋的横向刚度较差。

（3）纵横向框架双向承重方案。

纵横向框架双向承重方案是在两个方向上均需布置框架主梁以承受楼面荷载。当采用预制板楼盖时其布置。两个方向的框架均同时承受竖向荷载和水平荷载。当楼面上作用有较大荷载，或当柱网布置为正方形或接近正方形时，常采用这种承重方案，楼面常采用现浇双向楼板或井式梁楼面。纵横向框架双向承重方案具有较好的整体工作性能，框架柱均为双向偏心受压构件，为空间受力体系。

3. 结构布置原则与变形缝的设置

变形缝有伸缩缝、沉降缝、防震缝三种。在多层及高层建筑结构中，房屋平面应力求简单、规则，尽量少设缝或不设缝。例如正方形、矩形、等边多边形、圆形和椭圆形等都是良好的平面形状。复杂的外形平面，易使房屋楼面的水平力合力中心与刚度中心偏离，使建筑结构产生扭转效应，并在平面变化转折处产生应力集中。当结构单元长度过大时，将产生较大的温度应力，并且在地震作用下，由于地基各点运动的不一致而引起上部结构的不利反应。

房屋的竖向布置应使结构刚度沿高度分布比较均匀，避免结构刚度突变。同一层楼面应尽量设置在同一标高处，避免结构错层和局部夹层。

当建筑物平面较长，或平面复杂、不对称，或各部分刚度、高度、重量相差悬殊时，设置变形缝是必要的。

伸缩缝（也称温度缝）的设置，主要与结构的长度有关。当房屋平面尺寸过长时，为避免温度和混凝土收缩使房屋产生裂缝，必须设置伸缩缝。伸缩缝的最大间距。设置伸缩缝会导致结构局部构造复杂，施工困难等。目前，工程中常采用分阶段施工，设置后浇带并在局部构造加强的办法处理。较长结构单元中，每隔35～40m设一道，待缝两侧的混凝土自由收缩基本完成后在后浇带中浇筑微膨胀细石混凝土。

沉降缝的设置，主要与房屋承受的上部荷载及地基差异有关。当上部荷载差异较大，或地基土的物理力学指标相差较大，则应设沉降缝。房屋自基础直达屋顶，应以沉降缝将整个房屋的各部分分开，使结构不致引起过大内力而开裂。沉降缝可利用挑梁或搁置预制板、预制梁等办法做成。

伸缩缝与沉降缝的宽度一般不宜小于50mm。

防震缝的设置主要与建筑平面形状、高差、刚度、质量分布等因素有关。设置防震缝后，可将体型复杂的房屋分成规则的结构单元，伸缩缝和沉降缝在抗震设防区应满足防震缝的要求。当仅设防震缝时，则基础可不分开，但在防震缝处基础应加强构造连接措施。刚度和质量分布均匀，以避免地震作用下的扭转效应。为避免各单元之间互相碰撞，防震缝的宽度不得小于70mm。

（4）装配式与装配整体式框架的梁柱接头布置。

装配式与装配整体式框架梁的接头位置的确定，要考虑到构件的生产、吊装和运输能力，要考虑到施工方便，构造简单，受力合理。构件的划分通常有以下几种：

1）单梁短柱式。梁按跨度、柱按层高划分成单个构件。这种方案构件较小，便于制作、堆放、运输和吊装。其缺点是接头数量多，且接头均位于框架节点处，为结构内力最大的部位，不利于结构受力。

2）单梁长柱式。梁按跨度划分，柱子每二层或数层为一个构件。这样可减

少接头节点数量，减少吊装次数，提高房屋整体性。其缺点是柱子吊装、运输困难，柱内配筋量常由于吊装、运输的要求而增加。

3）框架式。将整个框架结构划分成若干个小刚架。刚架的形式可为Π形、Γ形、H形、十字形等。接头位置可以在框架节点处，亦可以在弯矩较小的梁跨中及柱的层高中点。这样可以减少节点数量，减少吊装次数，提高房屋整体性。其缺点是构件大而复杂，制作、运输、吊装均较困难。

目前在工程中，单梁长柱式和单梁短柱式应用较多。其安装难度小，安装精度质量易于控制和保证。

二、框架结构内力与侧移的近似计算方法

框架结构是一个由横向框架和纵向框架组成的空间受力体系，但在工程设计中，一般都忽略它们之间的空间联系而简化为平面结构进行计算。平面框架也属超静定结构，其内力计算方法很多，如弯矩分配法、无剪力分配法、迭代法等，均已在结构力学中作了介绍，但当结构跨数较多、层数较多时，用上述方法进行手算需耗费大量的人力，因此目前较多的是根据结构力学的位移法或力法编制电算程序，由计算机直接求出结构内力与位移。由于此法计算假定较少，较接近实际情况，故称为精确法。但用精确法计算需要相应的计算设备与软件，计算费用较高。实际工作设计中，特别是在初步设计阶段，为确定结构布置方案或构件截面尺寸，往往需要采用一些简单的近似计算方法进行估算，在满足工程精度要求的前提下，通过合理的近似假定和简化计算，既快又省地解决问题。

本节主要介绍框架结构设计中常用的近似计算方法，包括竖向荷载作用下的分层法，水平荷载作用下的反弯点法和修正反弯点法（D 值法）。

（一）框架结构计算简图

1. 计算单元的确定

框架结构是一个空间受力体系，近似计算时，为方便起见，常常忽略结构纵向和横向之间的空间联系，忽略各构件的抗扭作用，将纵向框架和横向框架分别按平面框架进行分析计算。当采用横向框架承重方案时，截取的横向框架应承受阴影范围内的全部竖向荷载，而纵向框架不承受竖向荷载。反之，当采用纵向框架承重方案，在进行纵向框架计算时，阴影范围内的全部竖向荷载由纵向框架承受，横向框架不承担竖向荷载。

当承重框架为双向布置时，应根据结构的具体布置，按楼盖结构的实际荷载传递情况进行计算。取出来的平面框架承受阴影范围内的水平荷载，竖向荷载则需按楼盖结构的布置方案确定。在分析各榀平面框架时，由于通常横向框架的间距相同，作用于各横向框架上的荷载相同，框架的抗侧刚度相同，因此，各榀横向框架都将产生相同的内力与变形，结构设计时一般取中间有代表性的一榀横向框架进行分析即可；而作用于纵向框架上的荷载则各不相同，必要时应分别进行计算。

2. 杆件轴线

在计算简图中，框架杆件用其轴线表示，杆件之间的连接区为节点。杆件长度用节点间距表示，荷载的作用位置也转移到轴线节点上。

一般情况下，等截面柱的轴线取截面形心线。上、下层柱截面尺寸不同时，往往取顶

层柱的形心线作为柱轴线，此时应注意按此计算简图算出的内力是计算简图轴线上的内力，对下层柱而言，此轴线不一定是柱截面的形心轴，进行构件截面设计时，应将算得的内力转化为截面形心轴处的内力。

框架跨度取柱轴线间的距离，柱高取层高，即为各层梁顶面之间的结构标高差。对底层柱则取基础顶面到二层梁顶面间的高度。对于倾斜的或折线形横梁，当其坡度小于1/8时，可简化为水平直杆。对于不等跨框架，当各跨跨度相差不大于10%时，可简化为等跨框架，简化后的跨度取原框架各跨跨度的平均值。

3. 节点的简化

框架节点一般总是三向受力的，但当按平面框架进行结构近似分析时，节点也相应简化。框架节点可简化为刚接节点、铰接节点和半铰节点，这要根据其传力效果、施工方案和构造措施确定。半铰节点由于影响因素较多，其半刚性力学特征常需根据试验结果确定，一般计算中难以采用，常简化为完全刚接或铰接节点。在现浇钢筋混凝土结构中，梁和柱内的纵向受力钢筋都将穿过节点或锚入节点区，这时应简化为刚接节点。

装配式框架结构则是在梁底和柱子的某些部位预埋钢板，安装就位后再焊接起来，由于钢板在其自身平面外的刚度很小，同时焊接质量随机性较大，难以保证结构受力后梁柱间没有相对转动，因此常把这类节点简化成铰接点。

在装配整体式框架结构中，梁（柱）中钢筋在节点处或为焊接或为搭接，并将现场浇筑部分混凝土。节点左右梁端均可有效地传递弯矩，因此可认为是刚接节点。当然这种节点的刚性不如现浇式框架好，节点处梁端的实际负弯矩要小于计算值。

对于钢框架结构的节点，通常采用柱贯通型的连接形式，梁连接在柱的侧面。为简化计算，假定梁与柱的连接节点为完全刚接和完全铰接两种。

当仅有梁腹板与柱翼缘连接，传递梁端部的竖向剪力时，此类节点连接按铰接节点考虑；如果梁的上下翼缘与柱翼缘焊接或通过高强螺栓连接，能够传递梁端的弯矩，腹板与柱的连接（高强螺栓或焊接）传递剪力时，此类节点为刚性连接。

框架支座可分为固定支座和铰支座，当为现浇钢筋混凝土柱时，一般设计成固定支座；当为预制柱杯形基础时，则应视构造措施不同分别简化为固定支座和铰支座。

4. 构件截面尺寸的估算与抗弯刚度的计算

在计算框架梁截面惯性矩 I 时，应考虑到楼板对梁截面刚度提高的影响。在框架梁两端节点附近，梁受负弯矩，顶部的楼板受拉，楼板对梁的截面抗弯刚度影响较小；而在框架梁的跨中，梁受正弯矩，楼板处于受压区形成 T 形截面梁，楼板对梁的截面抗弯刚度影响较大。在进行框架整体分析，计算框架梁的截面惯性矩时，为简便起见，仍假定梁的截面惯性I沿其轴线不变。对全现浇钢筋混凝土，可近似地取中间框架梁I=2I0，边框架梁I=1.5I0；对钢筋混凝土装配整体式框架，由于梁与板之间通过后浇叠合层混凝土连成整体，板对梁的刚度有一定提高，可取中间框架梁I=1.5I0，边框架梁I=1.2I0，这里I0为框架梁自身的截面惯性矩。

对钢框架，由于混凝土楼板与钢梁通过抗剪栓钉等连接件紧密地连接在一起，形成钢—混凝土组合梁，现浇的钢筋混凝土楼板与钢梁共同工作时增大了结构刚度。可近似取中间框架梁I=1.5Ib，边框架梁I=1.2Ib，这里Ib为钢梁惯性矩。

5. 荷载计算

作用于框架结构上的荷载有竖向荷载和水平荷载两种。竖向荷载包括结构构件和非结构构件自重及楼（屋）面活荷载（雪荷载），一般为分布荷载，有时也有集中荷载。水平荷载包括风荷载和水平地震作用，一般均简化成节点水平集中力。

多层住宅、办公楼、旅馆等民用建筑的楼面活荷载标准值可以查表，并按规定进行折减。在某些多层厂房中还有吊车荷载。在特殊条件下（如高温环境或房屋较长且不设伸缩缝），尚应考虑温度荷载。对于多层框架结构，当高度不超过40m，且质量和刚度沿高度分布比较均匀时，可采用底部剪力法计算水平地震作用，详见《建筑抗震设计规范》。

（二）竖向荷载下作用的分层法

框架结构在竖向荷载作用下的侧移一般较小，当这种侧移可以忽略时，可近似按无侧移框架进行内力分析。当仅某层梁上作用竖向荷载时，梁两端的固端弯矩构成了节点i、j的不平衡弯矩M_i、M_j；根据分配系数可分别得到柱端的分配弯矩M_{ik}、M_{im}和M_{jl}、M_{jn}；柱端弯矩向远端传递，传递系数为1/2，即$M_{ki}=M_{ik}/2$、$M_{mi}=M_{im}/2$、$M_{lj}=M_{jl}/2$、$M_{nj}=M_{jn}/2$；这些远端弯矩又构成了节点k、l、m、n的不平衡弯矩；进一步可以得到上、下层梁端的分配弯矩，在经过柱子传递和节点分配后，其值比直接受荷层的梁端弯矩要小得多，并随着传递和分配次数的增加而衰减。可见，当框架某一层梁上作用竖向荷载时，其它各层的弯矩很小。

在上述分析的基础上，对于竖向荷载下框架结构的内力分析作如下基本假定：

（1）多层框架的侧移极小可忽略不计；

（2）每一层框架梁上的竖向荷载只对本层的梁及与本层梁相连的框架柱产生弯矩和剪力，忽略对其它各层梁、柱的影响。

根据上述两个假定，只需取出虚框部分的结构（开口框架）进行分析，并加上适当的支座条件，这可以使计算工作量大大减少。对于一般的框架结构，可忽略柱子的轴向变形，因而支座处没有竖向位移，支座处也没有水平位移（基本假定（1））。然而，上、下层梁对柱端的转动约束并不是绝对固接，所以，支座形式实际上应视为带弹簧的铰支座，即介于铰接和固接之间。其中，弹簧的刚度取决于梁对柱子的转动约束能力，是未知的，这将给分析带来困难。因此，近似将支座取为固支。将柱端支座从实际情况的带弹簧铰支座改为固支，对节点的弯矩分配和柱弯矩的传递有一定影响，为此，应对柱的线刚度和传递系数进行修正。计算节点弯矩分配系数时，两端固支杆件的刚度系数为 $4i$，一端固支、一端铰支杆件的刚度系数为 $3i$。现对柱的线刚度乘以折减系数 0.9，这相当于取柱的刚度系数为 $0.9 \times 4i = 3.6i$。两端固支杆件的传递系数为 $1/2$，一端固支、一端铰支杆件的传递系数为零。现取柱的传递系数为 $1/3$。

于是，多层框架在各层竖向荷载同时作用下的内力，可以看成是各层竖向荷载单独作用下内力的叠加；进一步，可以对一系列开口框架进行计算。除底层柱子外，其余各层柱的线刚度乘以 0.9 的折减系数，弯矩传递系数取为 $1/3$。

（三）框架结构侧移近似计算

框架结构的侧向位移主要由水平荷载引起，故一般仅进行水平荷载下的侧移计算。由结构力学知识，结构的位移由各杆件的弯曲变形、轴向变形和剪切变形引起（如果存在支座沉降或温度变化，也将产生结构位移）。框架结构属于杆系结构，截面尺寸相对其长度较小，因而可以不考虑剪切变形的影响（对于剪力墙一类的构件，位移计算则必须考虑剪切变形的影响）。框架结构在水平荷载作用下的变形由两部分组成：即总体剪切变形和总体弯曲变形。总体剪切变形是由梁、柱弯曲变形所引起的框架变形，它是由层间剪力引起的，其侧移曲线与悬臂梁的剪切变形曲线相似，故称为总体剪切变形。总体弯曲变形是由框架柱中轴力引起的柱伸长或压缩所导致的框架变形，它与悬臂梁的弯曲变形规律一致，故称为总体弯曲变形。

（四）框架结构的 P-Δ 效应与柱的计算长度

1. 框架结构的 P-Δ 效应

对于多高层框架结构，其高宽比一般较大，当结构在水平风荷载或地震作用下产生水平位移时，由于侧移引起的竖向荷载的偏心又将对结构产生附加弯矩，而附加弯矩又使结构的侧移进一步加大。对于非对称结构，平移与扭转耦联，当结构产生扭转时，竖向荷载的合力与框架抗侧力构件的轴线将产生偏心，从而也会引起附加的扭转。这种由于水平位移导致竖向荷载对结构产生的内力与侧移增大的现象称为 P-Δ 效应。如果由于侧移引起的内力增加最终能与竖向荷载相平衡的话，结构是稳定的，否则结构将出现因 P-Δ 效应引起的整体失稳破坏。

由于 P-Δ 效应是在一阶侧移基础上产生的，所以又称为二阶效应，相应的计算分析称为二阶分析。对于 30 层以下的钢筋混凝土结构和 20 层以下的普通钢结构，只要具有非轻质隔墙或设置了足够的侧向支撑，侧向刚度一般较大，P-Δ 效应并不显著。然而，随着建筑层数的进一步增加以及建筑高宽比的增大，P-Δ 效应造成的附加弯矩和附加位移所占的比例逐渐加大，对于 50 层左右的钢结构，P-Δ 效应产生的二阶内力和位移可达 15% 以上。由此可见，如果不考虑二阶效应，可能造成一些构件实际负担的内力超过其设计承载能力，从而引起结构的破坏和倒塌。

对于一般框架结构，常采用计算长度法进行设计。设计时按未变形的框架计算简图作一阶内力分析，在求得各柱的内力（弯矩、轴力和剪力）后，将各柱看作一根单独压弯构件进行计算，每根构件的计算长度应根据框架不同的侧向约束条件及荷载情况并考虑二阶效应的影响程度来确定。实际上是将另一有效长度为 l0 的铰接轴心受压构件的承载力与该压弯构件的承载力等效。计算长度法比较简单，应用较多。

二阶分析是将框架作为整体，按二阶理论进行分析，需用计算机程序采用数学迭代方法求出其非线性解，比较复杂，不便应用。本节主要介绍柱计算长度的确定。

2. 框架柱的计算长度

对于框架柱，作为压弯构件，需要分别计算其在框架平面内和框架平面外的计算长度。在框架平面内的计算长度还必须根据框架失稳时有无侧移的形态来确定；在框架平面外的计算长度则须根据侧向支撑点布置的情况确定。

（1）多层框架等截面柱在框架平面内的计算长度。

框架结构在失稳时有两种形态。当框架各节点有侧向支承点，框架失稳时柱顶无侧向位移，这类框架称为无侧移框架。当框架各节点无侧向支撑或侧向支撑的刚度不够大时，框架失稳时柱顶产生侧向位移，称为有侧移框架。

对于混凝土框架，无侧移框架通常指具有非轻质隔墙、框架为 3 跨及 3 跨以上或为 2 跨且房屋的总宽度不小于房屋总高度的 1/3 者。有侧移框架通常包括以下情况：

① 无任何墙体的空框架结构，其中包括墙体可拆除的框架结构；

② 虽有围护墙及内部纵、横隔墙，但墙体是轻质材料组成的；

③ 仅在一侧设有刚性山墙，其余部分无抗侧力刚性墙；

④ 刚性隔墙之间的间距过大（如现浇楼盖房屋中，大于 3 倍房屋宽度；装配式楼盖房屋中，大于 2.5 倍房屋宽度）时。

对混凝土有侧移框架，其各层柱的计算长度可取为

现浇楼盖 $l_0 = 0.7H$；

装配式楼盖 $l_0 = 1.0H$。

这里，H 为柱所在层的框架结构层高。

对混凝土无侧移框架，其各层柱的计算长度可取为

现浇楼盖底层柱 $l_0 = 1.0H$；

其它层柱 $l_0 = 1.25H$；

装配式楼盖底层柱 $l_0 = 1.25H$；

其它层柱 $l_0^1 = 1.5H$。

对于钢框架，无侧移框架系指框架中设有支撑、剪力墙、电梯井等侧向刚度较大的支撑结构，其抗侧刚度等于或大于框架本身抗侧刚度的 5 倍者。有侧移框架是指框架中没有上述支撑结构，或虽设支撑结构但其抗侧刚度小于框架本身抗侧刚度 5 倍者。

三、框架—支撑结构体系

（一）框架—支撑结构的布置

为了建造更高的建筑，提高结构的侧向刚度和承载能力，同时避免使普通框架过多的加大框架梁柱截面及相应的用钢量，框架—支撑结构体系是很有效和经济的常用抗侧力结构体系。

框架—支撑体系是由框架体系演变而来的，即在框架体系中对部分框架柱之间设置竖向支撑，形成若干榀带竖向支撑的支撑框架。框架—支撑结构在水平荷载的作用下，通过刚性楼板或弹性楼板的变形协调与框架共同工作，竖向支撑桁架承担大部分水平侧力，起着类似剪力墙的作用，形成一双重抗侧力结构的结构体系。由于钢框架结构的抗侧刚度一般较混凝土框架小，而且钢框架中设置各类支撑桁架比较容易与原框架相连，故框架—支撑结构常用于钢结构中。

在水平荷载的作用下，支撑构件只承受轴向拉力或压力，无论从强度和变形的角度看，抗侧效果都较有效。当支撑桁架的高宽比小于 12 时，框架—支撑结构可有效地承受水平剪力，大大减小结构的水平位移。框架—支撑结构的节点构造与一般框架结构相同，比较简单。一般而言，框架—支撑结构的用钢量比纯钢框架结构要省。

支撑桁架应沿房屋的两个方向布置，以抵抗两个方向的水平荷载。由于支撑占据一定空间，在设置内部支撑时应尽量将其与永久性墙体相结合。支撑在平面上一般布置在核心

区周围，在矩形平面建筑中则布置在结构的短边框架平面内。

支撑一般沿同一竖向柱距内连续布置，竖向连续布置能较好地满足层间刚度变化均匀的要求。根据建筑布置及结构刚度的不同要求，可以每层均设支撑，也可穿越数层设置支撑。

支撑桁架的类型有中心支撑和偏心支撑两种。支撑类型的选择与结构是否抗震有关，也与建筑的层高、柱距以及建筑使用要求（如人行通道、门洞的设置）等有关，因此需要根据不同的设计条件选择适宜的支撑类型。

1. 中心支撑

中心支撑是常用的支撑类型。中心支撑是指在支撑桁架的节点上，支撑斜杆、梁和柱都汇交于一点，或者两根斜杆与梁汇交于一点，但汇交时均无偏心距。根据斜杆的不同布置形式，可形成十字交叉斜杆、单斜杆、人字形斜杆或 K 形斜杆以及 V 形斜杆等斜杆类型。

中心支撑在水平风荷载的作用下，具有较大的侧向刚度，对减小结构的水平位移和改善结构的内力分布是有效的。但在水平地震作用下，中心支撑容易产生屈曲，尤其在往复的水平地震作用下，支撑斜杆的受压承载力急剧降低，楼层的抗侧刚度下降，同时斜杆会从受压的压屈状态变为受拉的拉伸状态，这将对结构产生冲击性作用力，使支撑及其节点和相邻的构件产生很大的附加应力。因此，中心支撑对于高烈度地震区的结构是不利的。

2. 偏心支撑

偏心支撑系指斜杆和梁柱的交点有偏心的支撑，它适用于高烈度地震区结构。在框架—支撑结构中对支撑斜杆与梁进行偏心连接的目的是要构成耗能梁段。因此，每一根支撑斜杆的两端，至少有一端与梁相交（不在柱节点处），另一端可在梁与柱的交点进行连接，在支撑斜杆杆端和柱之间构成一耗能梁段，或者在两根支撑斜杆的杆端之间构成一耗能梁段。

偏心支撑在轻微和中等侧向力作用下可以具有很大的刚度，而在强烈地震时，可以利用梁耗能梁段的塑性变形耗能以保证主要受力构件不致于失效。采用偏心支撑的主要目的是改变支撑斜杆与梁（耗能梁段）的先后屈服顺序，即在罕遇地震作用下，一方面通过耗能梁段的塑性变形进行耗能，另一方面使耗能梁段的剪切屈服在先（同跨的其余梁段未屈服），从而保护支撑斜杆不屈服或屈服在后。另外，偏心支撑更容易解决建筑门窗和管道的设置问题。近年来，偏心支撑的应用逐渐增多。

（二）框架—支撑结构的分析

1. 框架—支撑体系的破坏机制

框架—支撑体系是双重抗侧力结构体系。地震灾害调查和经验表明，单一抗侧力结构体系，其破坏程度或倒塌率高于双重抗侧力结构体系。第一道防线的抗侧力构件遭到破坏后，结构的侧向刚度减小甚多，使第二道防线要承担的地震作用也可相应减小，继续受到余震作用时，建筑物有可能免遭严重破坏或倒塌。当进行灾后建筑物修复时，因框架结构体系仍完整，仅对支撑桁架复原，难度大为减小，可减少灾害损失，保证结构安全。

框架—支撑体系的第一道防线是支撑框架，第二道防线是框架。支撑框架中竖向支撑是第一道防线的主要受力构件，产生屈曲或破坏后，由于支撑斜杆一般不承担竖向荷载，所以不影响结构承担竖向荷载的能力，不危及结构的基本安全要求。如再采用偏心支撑形成耗能梁段，还可保护支撑斜杆免遭过早屈曲，相应地延长和有效地保持结构持续抗震能力。

2. 框架—支撑体系的变形特征

水平荷载作用下单榀竖向悬臂桁架的变形曲线是由两部分组成的，一部分是弦杆（柱）拉伸和压缩变形形成的弯曲变形，另一部分是腹杆拉伸和压缩变形形成的剪切变形，由于后者的数值较小，故竖向桁架的变形以整体弯曲变形为主。对于支撑桁架，由于承担较大的层间水平剪力，其剪切变形的成分将增大，但仍属于以弯曲变形为主的结构。在水平荷载的作用下，支撑桁架与框架共同工作时，由于框架剪切变形的成分更大些，故框架—支撑体系的变形曲线常属于弯剪型的。

3. 单榀竖向悬臂桁架的内力分析

以单榀竖向悬臂桁架为例，分析其在水平荷载及竖向荷载作用下的内力分布特征。对于框架—支撑结构，它与竖向悬臂桁架有许多相似之处。

（1）在水平荷载作用下。

在水平荷载作用下，图中表示了倾覆力矩与柱轴力力偶形成的平衡力矩之间的关系，也表示了剪力的平衡关系。根据结构力学的桁架理论，可得到是单斜杆及人字形支撑桁架自上而下的杆件轴力分布图，以及支撑桁架所承担的剪力及弯矩图。

① 横杆（横梁）。

它是对左右节点传递水平力的杆件，它的内力值与支撑类型有关，单斜杆支撑桁架中的横杆轴力值最大；

② 斜杆。

它是直接传递水平剪力的杆件，它的内力值基本上与楼层水平剪力成正比，和楼层内斜杆的数量成反比，也与斜杆的倾角 θ 有关；

③ 弦杆。

它是承担倾覆力矩的直接轴力杆，它的内力值与倾覆力矩值成正比，与桁架宽度 B 成反比。根据抗侧刚度的定义，悬臂桁架层间产生单位相对侧移所需的水平剪力即为其抗侧刚度 D_T。D_T 的数值大小与桁架杆件截面尺寸及斜杆的布置方式有关，根据桁架理论可求得，此处不再细述。

（2）在竖向荷载作用下。

竖向悬臂桁架左右弦杆（柱）的上下端节点上作用竖向荷载时，由于弦杆（柱）产生轴向变形，或节点荷载值的差异，导致各柱的竖向压缩变形不同，也会在各杆件中产生内力。具体的内力值可根据结构力学知识求得。一般应力求使支撑斜杆不承担或少承担竖向荷载作用，主要发挥竖向支撑桁架抵抗水平作用的功能。

4. 框架支撑结构的水平剪力分配及调整

上述内力分布特征的分析，是针对单榀竖向悬臂桁架及具有类似受力特征的框架—支撑结构进行的。但当框架—支撑结构经楼板与框架变形协调后进行共同工作时，其受力特征有较大的变化。

（1）框架与支撑桁架的水平剪力分配比例。

框架—支撑体系中的水平剪力由框架和支撑桁架共同承担。在弹性阶段总的分配原则是按框架和支撑桁架的抗侧刚度比来分配。由于它们各自抗侧刚度沿房屋高度和楼层位置是变化的，因此，两者沿房屋高度所分担的剪力值比例是可变的。一般情况下，在结构的中下层部位，支撑桁架将承担大部分总剪力，甚至达到 90% 以上，而框架部分仅承担不足 10% 的总剪力。在结构的顶部若干层，框架除将承担全部剪力外，还将承担支撑桁架给予框架的反向剪力，但因上部水平荷载较小，故在这些部位框架承担的剪力总体数值较小，一般仍小于 30% 的底部总剪力。

（2）框架部分水平的剪力调整。

在罕遇地震作用下，结构将处于弹塑性阶段。支撑桁架中支撑杆将处于受压屈曲状态，相应的弹性阶段支撑桁架与框架之间的剪力分配比例将受到相当大的影响。为此，一方面要提高支撑的承载力，另一方面更主要的是要调整框架部分在弹性阶段所承担的剪力比例，以使框架符合第二道防线的要求。规定所有框架结构任一楼层所承担的地震剪力，不得小于结构底部总剪力的 25%，即

$$V_{Fi} \geqslant 0.25 V_0$$

式中　V_0——结构底部的总剪力；

V_{Fi}——第 i 层所有框架所承担的剪力。

按上式的要求，一般情况下，常需加大框架在弹性阶段按抗侧刚度计算所分得的水平剪力值。

在确定了框架和支撑桁架之间的剪力分配比例后，对框架结构可按照前节所述的 D 值法计算框架结构在水平荷载作用下的内力。

5. 对支撑桁架的侧向刚度要求

框架—支撑体系是双重抗侧力体系，具有良好的抗震性能和较大的侧向刚度，这类体系的建筑适用高度约为框架体系的 2 倍。在罕遇地震作用下，支撑桁架是这一体系的第一道防线；为避免支撑桁架与框架同时遭受破坏，要求支撑桁架有足够大的侧向刚度。一般要求支撑桁架所承担的倾覆力矩大于 50%，以此衡量支撑桁架的侧向刚度要求。

四、框架结构构件设计

（一）内力组合

1. 控制截面

框架柱的弯矩、轴力和剪力沿柱高是线性变化的，弯矩最大值在柱两端，因此可取各层柱的上、下端截面作为控制截面。对于框架梁，在水平力和竖向荷载共同作用下，其两端截面往往是最大正弯矩和最大剪力作用处，剪力沿梁轴线呈线性变化，弯矩则呈抛物线变化（指竖向分布荷载）。因此，除取梁的两端为控制截面以外，还应在跨间取最大正弯矩的截面为控制截面。为了简便，不再用求极值的方法确定最大正弯矩控制截面，而直接以梁的跨中截面作为控制截面。

2. 荷载效应组合

在求出各种荷载单独作用下控制截面的内力后，还须考虑多种荷载同时作用于结构的情况。这就是荷载效应组合问题。如前所述，荷载效应的组合应按现行《荷载规范》的规定执行。框架结构设计时，当永久荷载效应控制时，荷载效应组合可采用简化的处理方法，即对所有可变荷载乘以一个统一的荷载组合系数 Ψ。

3. 最不利内力组合

设计框架结构的构件时，必须求出各构件的最不利内力。对于构件某一控制截面，可能存在几组最不利内力组合。例如对于混凝土框架梁端截面（控制截面之一），为了计算其梁顶部配筋，必须找出该截面的最大负弯矩；为了确定梁端底部配筋，必须找出该截面最大正弯矩；进一步找出截面最大剪力进行梁端受剪承载力的计算。一般来说，并不是所有荷载同时作用时截面的弯矩即为最大值，而是在某些荷载作用下得到某控制截面的最大正弯矩，另一些荷载作用下得到此截面的最大负弯矩。

最不利内力组合有多种。对于框架梁支座截面；最不利内力是最大负弯矩及最大剪力，但也要组合可能出现的正弯矩；对于框架梁跨中截面，最不利内力是最大正弯矩或可能出现的负弯矩。对于框架柱的上下端截面，可能出现大偏压情况，此时弯矩 M 越大越不利，也可能出现小偏压情况，这时轴力 N 越大越不利。

在某些情况下，即使内力值不是最大或最小值也可能是最不利的。例如对混凝土框架柱小偏压截面，当 N 不是最大，但相应的 M 比较大时，配筋可能反而需要多一些，会成为最不利内力，设计时应加以注意。

4. 竖向可变荷载的最不利位置

作用于框架结构上的永久荷载对于结构作用的位置和大小是不变的；而可变荷载可以单独地作用在框架的某层的某一跨或某几跨，也可能同时作用在整个框架上。对可变荷载要考虑其最不利布置对于构件的不同截面或同一截面的不同种类的最不利内力，往往有不相同的可变（活）荷载最不利位置。因此，活荷载的最不利位置应根据所计算控制截面位置、最不利内力的种类分别确定。这里，介绍考虑活荷载最不利布置的分跨计算组合法、最不利荷载位置法、分层组合法和满布荷载法四种方法。

（1）分跨计算组合法。

这个方法是将活荷载逐层逐跨单独地作用在结构上，分别计算出整个结构的内力，根据所设计的构件的某指定控制截面，组合出最不利内力。因此，对于一个多层多跨框架，共有（跨数×层数）种不同的活荷载布置方式，亦即需要计算（跨数×层数）次结构的内力，其计算工作量是很大的。但求得了这些内力以后，即可求得任意截面上的最大内力，其过程较为简单。在运用计算机程序进行内力组合计算时，常采用这一方法。

当楼面各跨无明显分隔且楼面活荷载较小时，为减少计算工作量，可不考虑屋面活荷载的最不利分布而按满布荷载考虑。

（2）最不利荷载位置法。

为求某一指定截面的最不利内力，可以根据影响线方法，直接确定产生此最不利内力的可变荷载布置。根据虚位移原理，为求梁 AB 跨中最大正弯矩，凡产生正向虚位移的跨间均布置活荷载，亦即除该跨必须布置活荷载外，其它各跨应相间布置，同时在竖向亦相间布置，形成棋盘形间隔布置。可以看出，当 AB 跨达到跨中弯矩最大时的活荷载最不利布置，也正好使其它布置活荷载跨的跨中弯矩达到最大值。因此，只要进行二次棋盘形活荷载布置，便可求得整个框架中所有梁的跨中最大正弯矩。

梁端最大负弯矩或柱端最大弯矩的活荷载最不利布置，亦可用上述方法得到。如欲求某一层某跨横梁端截面最大负弯矩时，例如梁 AB 的端截面 A，应在梁 AB 所在层如同连续梁一样布置活荷载，即在该梁端的左、右跨布置活荷载，然后隔跨布置。对于上、下相邻层，则以梁的另一端 B 产生最大负弯矩的要求，如同连续梁一样布置活荷载。对于其它楼层则按活荷载竖向隔层布置的原则进行。

框架柱与梁不同，其轴力项影响较大，组合时应兼顾弯矩和轴力的影响。为简化计算，通常按弯矩最大和轴力最大的情况进行内力组合。

当求相应于某柱柱底截面 D 右侧和柱顶截面 A 左侧产生最大拉应力的弯矩时，则在该柱 AD 右侧跨的上、下两层的横梁上布置竖向活荷载，然后再隔跨、隔层布置；当求柱底截面 D 左侧和柱顶截面 A 右侧产生最大拉应力的弯矩时，则在该柱左侧跨的上、下两层布置，然后再隔跨、隔层布置竖向活荷载。此时 | M_{max} | 相应的轴力 N 可由此柱在该截面以上左右两跨的荷载布置情况直接算出。计算 N 时，可近似按柱的负荷面积来计算。

对于柱中某截面的 | M_{max} | 及其相应的 M，则在此柱该截面以下的相邻两跨都布满活荷载。

最不利荷载位置法的优点是物理概念强，直接求出某控制截面的最不利内力而不需进行内力组合，但是需要独立进行很多种最不利荷载位置下的内力计算，计算繁冗，不便于实际应用，故常用于复核计算。

（3）分层组合法。

不论用分跨计算组合法还是用最不利荷载位置法，求活荷载最不利布置时的结构内力都是非常繁冗的。分层组合法是以分层法为依据的，比较简单，对活荷载的最不利布置作如下简化：

① 对于梁，只考虑本层活荷载的不利布置，而不考虑其它层活荷载的影响。因此，其布置方法和连续梁的活荷载最不利布置方法相同。

② 对于柱端弯矩，只考虑柱相邻上下层的活荷载的影响，而不考虑其它层活荷载的影响。

③对于柱最大轴力，则必须考虑在该层以上所有层中与该柱相邻的梁作用活荷载的情况，但对于与柱不相邻的上层活荷载，仅考虑其轴向力的传递而不考虑其弯矩的作用。

（4）满布荷载法。

当活荷载产生的内力远小于恒荷载及水平荷载所产生的内力时，可不考虑活荷载的最不利布置，而把活荷载同时作用于所有的框架梁上。这样求得的内力在支座处与按最不利荷载位置法求得的内力极为相近，可直接用于构件设计。但求得的梁跨中弯矩却比最不利荷载位置法的计算结果小，因此对梁跨中弯矩应乘以 $1.1 \sim 1.2$ 的系数予以增大。经验表明，对楼面活荷载标准值不超过 $5kN/m^2$ 的一般工业与民用建筑框架结构，此法的计算精度可以满足工程设计要求。

（5）梁端弯矩调幅。

按照框架结构的合理破坏形式，在梁端出现塑性铰是允许的；而对于装配式或装配整体式框架，节点并非绝对刚性，框架内力是根据计算简图按弹性理论的方法求得的，而梁端实际弯矩将小于其弹性计算值。对于钢筋混凝土框架而言，可以考虑塑性内力重分布。在进行框架结构设计时，一般均对梁端弯矩进行调幅，即人为地减小梁端负弯矩，减少节点附近梁顶面的配筋量或钢梁的材料用量，节约钢材。

梁支座弯矩降低后，经过塑性内力重分布，跨中弯矩有所增加，但只要不超过跨中最不利正弯矩，跨中的配筋或钢梁截面不必加大，达到了节约钢材的目的。

必须指出，我国有关规范规定，弯矩调幅只对竖向荷载作用下的内力进行，即水平荷载作用下产生的弯矩不参加调幅，因此，弯矩调幅应在内力组合之前进行。同时还要注意，梁截面设计时所采用的跨中设计弯矩值不应小于按简支梁计算的跨中弯矩的一半。

（二）混凝土框架构件设计

框架梁、柱的截面设计与配筋计算及有关构造要求可参见本系列教材《工程结构设计原理》的相关内容。这里对框架结构设计作一些必要补充，包括有关混凝土框架的节点构造和连接要求以及叠合梁的受力特点。

1. 框架节点构造要求

节点设计是框架结构设计中极重要的一环。在非地震区，框架节点的承载能力一般通过采取适当的构造措施来保证。节点设计应保证整个框架结构安全可靠，经济合理且便于施工。

对装配整体式框架的节点，还需保证结构的整体性，受力明确，构造简单，安装方便又易于调整，在构件连接后能尽早地承受部分或全部设计荷载，使上部结构能及时继续安装。框架节点区的混凝土强度等级，应不低于柱的混凝土强度等级。在装配整体式框架中，现浇节点的混凝土强度等级宜比预制柱的混凝土强度等级提高一级。

（1）现浇框架节点构造。

现浇框架一般均做成刚接节点。框架梁与柱交结处节点构造要求应满足要求。但对顶层横梁与边柱交结的节点，则尚应保证梁端负钢筋伸入柱内可靠锚固，按照 e_0/h 的大小分三种情况处理。这里 e_0 为柱顶处弯矩 M 与轴力 N 之比，h 为柱截面高度。受拉钢筋在转折时，要有一定的曲率半径，以免压碎钢筋下部的混凝土。为了改善节点内折处的混凝土局部受压承载力，防止节点区斜裂缝开展，必要时可在节点区设附加水平箍筋。

（2）装配整体式框架节点构造。

装配整体式框架连接节点的构造方式很多，这里不一一介绍，仅举几个例子，以供参考。目前在多、高层装配整体式框架中，常采用预制梁、现浇柱的施工方案。对预制梁、现浇柱的装配整体式框架，如采用工具式非承重柱模，预制主梁的梁端，一般伸入柱内70mm，纵向连梁用电焊与事先焊在柱纵向受力钢筋上的小角钢或与形撑筋相连。采用工具式承重柱模时，预制主梁的梁端仅伸入柱内20mm，预制主梁与纵向连梁均直接支承在柱模上。

当采用预制梁、预制柱刚性连接时，明牛腿连接是常用方法之一。预制梁直接支承在柱的明牛腿面上。梁底和预埋角钢与牛腿面的预埋钢板用角焊缝相连接。梁上部另加负钢筋与预制柱内伸出的短钢筋剖口对焊。明牛腿连接的优点是节点刚性好，承载力大；缺点是牛腿部分用钢材多，预埋件多，焊接要求高，工效较低。

（3）框架梁与预制楼板的连接构造。

预制楼板常为槽形板或空心板。要使楼盖结构有良好的整体性，在板缝之间可配以必要的联系钢筋并以细石混凝土灌缝，也可在预制板上浇筑不低于C20级的钢筋混凝土叠合楼面，厚度不小于40mm。预制板搁置于墙上或梁上的最小长度为30mm，板端伸出的锚固钢筋长度应不小于100mm，

（4）框架柱与填充墙的连接构造。

框架的填充墙或隔墙应优先选用预制轻质墙板，并必须与框架牢固地连接。当采用砌体填充墙时，应在框架柱与填充墙的交接处，沿高度每隔若干皮砌体。拉结筋应锚入柱中，进入填充墙内长度不应小于500~1000mm，具体要求详见有关现行规范。

2. 叠合梁的设计

混凝土框架中的梁有两种，即现浇梁（现浇框架中采用）和叠合梁（装配整体式框架采用）。前者的承载能力按受弯构件计算，本系列教材《工程结构设计原理》已有详细介绍。本小节重点讨论叠合梁。所谓叠合梁，是指分两次浇捣混凝土的梁。第一次一般是在预制厂中进行，做成预制梁运往现场吊装；第二次是在施工现场进行，当预制楼板搁置在预制梁上后，在预制梁的上部、预制楼板之间浇捣混凝土，使板和梁连成整体。

为保证预制梁和后浇混凝土连成整体，除保证叠合面要有一定的粗糙度以外，预制梁中必须预留足够的外露出叠合面的箍筋或插筋，与后浇混凝土层浇筑在一起。

叠合梁的预制部分，常做成T形或花篮形截面，以便搁置预制楼板。叠合梁根据施工

阶段不同受力特点，可分为"一阶段受力叠合梁"和"二阶段受力叠合梁"两类。若施工阶段在预制

梁下面设有可靠支撑，施工时预制梁不受力，待后浇叠合层混凝土达到强度后，再拆除支撑、由整个截面（b×h）的新老混凝土同时、共同受力，则称为"一阶段受力叠合梁"。"一阶段受力叠合梁"的混凝土虽分上、下两层先后浇捣，但构件是一次受力的。如果施工阶段在预制梁下不设支撑，预制梁吊装就位后，呈简支梁工作状态，由截面 b×h$_1$ 承担施工阶段的恒荷载（梁本身、预制楼板以及现浇叠合层的自重）及施工活荷载，这时为第一受力阶段；待后浇叠合层混凝土达到强度后，叠合梁成为装配整体式结构中的框架梁。它在预制梁部分已经受力的基础上，由整个截面 b×h 继续承受后加的恒荷载（如面层自重）及活荷载（如楼面活荷载、雪荷载、风荷载、地震作用）在框架梁中所产生的内力，此为第二受力阶段，这类叠合梁称为"二阶段受力叠合梁。"

"一阶段受力叠合梁"除斜截面和叠合面受剪承载力应按叠合构件计算外，其它计算原则和方法均与整浇梁相同。本小节以下所述的叠合梁均指"二阶段受力叠合梁"。

现以两根简支梁的对比试验结果来说明叠合梁的受力特点。这两根梁的截面、配筋、材料强度完全相同，但一根为叠合梁。在第一次浇捣 T 形截面梁后，加载至 M$_1$，再第二次浇捣混凝土，然后再加载至梁破坏；另一根梁系一次浇捣而成的整浇梁，一次性加载至梁破坏。试验时测得梁在各级荷载下的跨中挠度值 f 和跨中截面纵向受拉钢筋应力 σs。

叠合梁在叠合前的受力阶段（即第一阶段，M<M$_1$，其跨中挠度和受拉钢筋应力的增长较整浇梁快得多，裂缝也出现得较早。这是因为在这一阶段中叠合截面高度仅为 h$_1$，而整浇梁的截面高度为 h。叠合梁在叠合以后（即第二阶段），梁截面高度增至 h，刚度增大，故其挠度和钢筋应力的增长速度减慢，且比整浇梁在同级荷载作用下的增长速度要慢。但在同级荷载作用下，叠合梁的挠度与受拉纵筋的应力却始终大于整浇梁，叠合梁的裂缝宽度也始终大于整浇梁。然而，两者在破坏时的承载能力又基本相等。

（三）钢框架构件设计

钢结构的基本构件是轴向受力构件、受弯构件（梁）、拉弯和压弯构件。钢框架结构是由梁和柱组成的。框架梁主要承受横向荷载引起的弯矩和剪力，轴向力通常较小，属于受弯构件。

尽管在框架结构中也可能存在轴心受力构件，但情况少见。轴心受力构件和受弯构件（梁）的设计已经在《工程结构设计原理》钢平台结构中详细叙述过。本节重点介绍压弯构件（柱）的设计。在竖向荷载和水平荷载的作用下，框架柱可能承受作用在构件端部的轴向压力和弯矩，或者在由横向荷载引起的弯矩与轴向压力的共同作用下形成压弯构件。

1. 有关构造规定

当压弯实腹构件腹板的高厚比大于 80 时，应设横向加劲肋。如同轴向受压构件一样，横向加劲肋是为了防止在施工和运输过程中发生变形，同时也是为了防止在较大剪应力作用下引起腹板屈曲。加劲肋的尺寸和构造与受弯构件（梁）内所用的一样，其间距不应大于 $3h_0$。宽大的压弯实腹柱，在受有较大水平力处和运输单元的端部应设置横隔，横隔的间距不得大于柱截面较大宽度的 9 倍和 8m，以防止杆件截面形状改变。

2. 多层钢框架的节点构造和计算原则

节点设计与构造是保证钢结构安全的重要环节，对结构受力性能有重要影响。根据各种钢结构灾害事故分析表明，许多钢结构是由于节点区首先破坏而导致建筑物整体破坏的。钢结构节点区的受力状况比较复杂，构造要求相当严格，应引起设计人员的足够重视。节点设计一般应遵循以下原则：①节点受力应满足传力简捷、明确的原则，使计算分析与节点的实际受力情况相一致；②保证节点连接有足够的强度，使结构不致因连接较弱而引起破坏；③节点连接应具有良好的延性，避免节点的局部压屈或脆性破坏，应采用合理的细部构造，使钢结构延性好的优势得到充分发挥，这对抗震结构尤其重要；④构件的拼接一般应按等强度原则设计；⑤尽量简化节点构造，便于加工与现场安装调整。

在实际应用中，也可以采用简化设计法，即假定梁拼接处的弯矩全部由翼缘承担，而剪力全部由腹板承担来进行拼接连接设计。

为保证连接节点具有足够的强度，并保证梁刚度的连续性，在设计梁翼缘和腹板的拼接连接板时，应保证梁单侧翼缘或腹板连接板扣除高强螺栓孔后的净截面面积不小于梁单侧翼缘或腹板扣除高强螺栓孔后的净截面面积。梁翼缘拼接连接板的设置，原则上应采用双剪切面连接，厚度不小于 8mm，当翼缘宽度较窄，构造上采用双剪连接有困难时，也可以采用单剪连接，但其厚度不小于 10mm。梁腹板的拼接连接板，一般均在腹板两侧对称布置，且其厚度不小于 6mm。

（1）梁与梁的拼接连接。

梁的拼接节点，一般应设在内力较小的位置，为方便施工，通常设在距梁端 1m 作用的位置。可采用翼缘和腹板全焊透的对接焊缝连接（工厂拼接），也可以采用翼缘和腹板借助拼接板的角焊缝连接，或翼缘和腹板均采用高强度螺栓连接（现场拼接）。

在实际应用中，也可以采用简化设计法，即假定梁拼接处的弯矩全部由翼缘承担，而剪力全部由腹板承担来进行拼接连接设计。

为保证连接节点具有足够的强度，并保证梁刚度的连续性，在设计梁翼缘和腹板的拼接连接板时，应保证梁单侧翼缘或腹板连接板扣除高强螺栓孔后的净截面面积不小于梁单侧翼缘或腹板扣除高强螺栓孔后的净截面面积。梁翼缘拼接连接板的设置，原则上应采用双剪切面连接，厚度不小于8mm，当翼缘宽度较窄，构造上采用双剪连接有困难时，也可以采用单剪连接，但其厚度不小于10mm。梁腹板的拼接连接板，一般均在腹板两侧对称布置，且其厚度不小于6mm。

（2）次梁与主梁的连接。

次梁与主梁多采用侧面连接，有铰接（简支梁形式）和刚接（连续梁形式）之分。次梁均以主梁为支点，并最大程度保持建筑的净空高度。

次梁与主梁铰接时通常忽略次梁对主梁的扭转影响，只考虑次梁端部与主梁连接之间的剪力，但在计算连接焊缝或螺栓时，尚应考虑由于偏心所产生的附加弯矩作用；刚接连接计算时节点所传递的内力的分配方法与梁的拼接连接相同。次梁与主梁的连接也可参见钢平台结构设计的相关内容。

（3）柱与柱的拼接连接。

柱与柱的拼接连接节点，理想位置应设在内力较小处，但为了方便施工，通常设在距楼板顶面1.1~1.3m处。对型钢和H型钢柱，其翼缘通常采用完全焊透的坡口对接焊缝形式，腹板采用高强度螺栓连接，或者翼缘、腹板均采用高强螺栓连接。对于箱形截面或管形截面，采用完全焊透的坡口对接焊缝连接。

柱的拼接连接，当采用高强螺栓连接时，翼缘和腹板的拼接连接板应尽可能成对对称布置，在有弯矩作用的拼接节点处，连接板的截面面积和抵抗矩均应大于被连接柱的截面面积和抵抗矩。为保证安装质量和施工安全，在柱的拼接处应适当设置耳板作为临时固定，耳板应按施工工况来设计。

柱需要改变截面时，应尽可能保持截面高度不变，而采用改变截面板件厚度或翼缘宽度的方法。变截面的坡度，一般可在1:4~1:6的范围内采用。

柱拼接连接的计算方法通常有等强度设计法和实用设计法两种。等强度设计法是按被连接柱的翼缘和腹板净截面面积的等强条件来进行拼接连接的设计，它多用于抗震设计或按弹塑性理论设计结构柱的拼接连接，以确保结构的连续性、强度和刚度。当柱的拼接连接采用焊接时，通常采用完全焊透的坡口对接焊缝，并采用引弧板施焊。此时可以认为焊缝与被连接柱的翼缘或腹板是等强的，不必进行焊缝的强度计算。

（4）梁与柱的连接。

梁与柱的连接通常采用柱贯通型的连接形式，按梁对柱的约束刚度可分为三类：即铰接连接、半刚性连接和刚性连接。为简化计算，特别是简化对整个结构体系的设计计算，通常假定梁与柱的连接节点为完全刚性和完全铰接两种。

框架梁柱的铰接节点在计算和构造上与平台钢结构中梁柱的铰接连接基本相同，可参见钢平台结构设计的有关内容。

设计梁与柱的刚性连接节点时，应满足以下要求：

① 梁翼缘和腹板与柱的连接，在梁端弯矩和剪力的共同作用下，应具有足够的承载力。

②梁翼缘的内力以集中力作用于柱的部分，不能产生局部破坏，因此应根据情况设置水平加劲肋（对 H 形截面柱）或水平加劲板（对箱形或圆管形截面柱）。

③连接节点板域，即由节点处柱翼缘板和水平加劲肋或水平加劲板所包围的柱腹板区域，在节点弯矩和剪力的共同作用下，应具有足够的承载力和变形能力。

④按抗震设计的结构或按塑性设计的结构，采用焊缝或高强螺栓连接的梁柱节点，应保证梁或柱的端部在形成塑性铰时有充分的转动能力。

梁柱刚性连接的计算方法有常用计算法和精确计算法两种。常用计算法考虑梁端内力向柱传递时，原则上，梁端弯矩全部由梁翼缘承担，梁端剪力全部由梁腹板承担；同时梁腹板与柱的连接，除了梁端剪力要进行计算外，尚应以腹板净截面面积的抗剪承载力设计值的 1/2 或梁的左右两端作用弯矩的和除以梁净跨长度所得到的剪力来验算。梁柱刚性连接的精确计算法，是以梁翼缘和腹板各自的截面惯性矩分担作用于梁端的弯矩 M，梁翼缘仅承担弯矩 M_f，而腹板同时承担弯矩 M_w 和梁端全部剪力 V 来进行连接设计的。

（5）支撑与梁柱的连接。

支撑桁架主要是承受侧向水平荷载。支撑杆件截面通常采用双角钢或双槽钢组合截面、H 形截面或箱形截面，其端部与梁柱连接，或与梁柱的中间部位连接。采用双角钢或双槽钢组合截面的支撑，一般通过节点板与梁柱连接；而既能抗拉又具有良好抗压性能的 H 形截面或箱形截面支撑通常是借助于具有相同截面、焊接在梁柱上的悬伸支承杆来实现与梁柱的连接的。

除特别设置的偏心支撑外，一般支撑杆件的重心线应与梁柱的重心线汇交于一点。支撑端部与梁柱的连接，原则上应按支撑杆件截面等强度的条件来确定，即使杆件内力较小，也应按支撑杆件承载力设计值的 1/2 来进行连接设计。在设计支撑端部与梁柱的连接时，应将支撑的内力（拉力或压力）分解成水平分力和垂直分力，把它们分别作用于梁的翼缘和柱的翼缘或腹板上，然后进行连接设计。

对 H 形截面的支撑或端部的 H 形截面，而中间区段为箱形截面的支撑，为使作用于支撑翼缘的内力能顺畅地传递给梁和柱，应分别在梁柱与支撑翼缘连接处设置垂直加劲肋和水平加劲肋（或水平加劲隔板），其尺寸、厚度及其连接应分别按支撑翼缘内力的垂直分力和水平分力来确定，同时应满足构造上的要求，并与梁柱截面尺寸和梁柱的补强板件相协调。

（6）柱脚。

柱脚可分为铰接柱脚和刚接柱脚两大类。铰接柱脚仅传递垂直力和水平力，而刚接柱脚则同时传递垂直力、水平力和弯矩。但在实际工程中，介于二者之间的半刚接柱脚也大量存在，在设计计算时，一般根据柱脚约束刚度的不同，近似地按铰接柱脚或刚接柱脚处理。

铰接柱脚的设计与平台钢结构的铰接柱脚相同。可参见有关内容。

刚接柱脚按其构造形式可分为露出式柱脚、埋入式柱脚和包脚式柱脚三种。

露出式刚接柱脚主要由底板、加劲板、锚栓及锚栓支承托座等组成，各部分板件都应具有足够的强度和刚度，而且相互之间应有可靠的连接。

埋入式刚接柱脚是直接将钢柱埋入钢筋混凝土基础或基础梁的柱脚。其埋入方法，一种是预先将钢柱脚按要求组装固定在设计标高上，然后浇灌基础或基础梁的混凝土；另一种是预先按要求浇筑基础或基础梁混凝土，并留出安装钢柱脚的杯口，待安装好钢柱脚后，再补浇杯口部分的混凝土。通常情况下，前一种方法有利于保证钢柱脚和基础或基础梁的整体刚度，采用较多。在埋入式刚接柱脚中，钢柱的埋入深度是影响柱脚抗弯刚度、承载力和变形能力的最重要因素。

包脚式刚接柱脚是指按一定的要求将钢柱脚用钢筋混凝土包裹起来的柱脚，这类柱脚可以设置在地面上，亦可以设置在楼面上。钢筋混凝土包脚的高度、截面尺寸、保护层厚度和箍筋配置，对柱脚的内力传递和恢复力特性起着重要的作用。

柱端内力通过焊缝传给靴梁，靴梁再通过底板和锚栓传给基础。柱脚内力传给基础时，各部分的作用不相同，轴向压力是由底板直接传给基础的，剪力由底板下的剪力块传递，弯矩则由锚栓和底板共同传递。

① 柱脚底板的宽度 B 和长度 L。

柱脚底板的宽度 B 应根据柱端面形状和尺寸以及所设置的靴梁、加劲板等加强板件和锚栓的构造尺寸来确定，并且在板边留出 10~30mm 的边距。长度 L 则由底板下基础的压应力不超过混凝土抗压强度设计值的要求来确定。B 和 L 一般取 5mm 的整倍数，

②其它构造要求。

一般加劲板的高度和厚度，应根据其承受底板下混凝土基础的分布反力的大小来计算确定。通常其高度不宜小于 250mm，厚度不宜小于 12mm，并应与柱的板件厚度和底板厚度相协调。由于锚栓支承加劲板或锚栓支承托座加劲板是对称地设置在垂直于弯矩作用平面的受拉侧和受压侧，因此其高度和厚度应取其承受底板下混凝土基础的分布反力和锚栓拉力两者中的较大者来计算确定，通常其高度不宜小于 300mm，厚度不宜小于 16mm，锚栓支承托座顶板的厚度一般取底板厚度的 1/2~7/10。靴梁（加劲板）、锚栓支承托座加劲

板以及锚栓支承托座顶板与柱脚底板和柱板件均采用焊缝连接。其焊缝形式和焊缝厚度一般可按构造要求确定，当柱脚内力较大时应按焊缝强度计算确定。

格构式框架的柱脚可做成分离式，分离式柱脚中各个单独柱脚的构造与轴心受压柱柱脚相同，框架柱的弯矩由锚栓来传递，压力分别由柱肢通过靴梁和底板传递给基础，剪力也可以由底板下的剪力块来传递。为了保证框架柱脚在运输过程中不致产生变形，在分离的柱脚间用加强角钢将柱肢连接起来以加强刚度。

（四）钢骨混凝土构件设计

1. 钢骨混凝土结构的特点

钢骨混凝土构件，是构件以劲性型钢为骨架，骨架周围配置钢筋，浇注混凝土后，钢骨与外包钢筋混凝土成为一体所形成的组合构件。钢骨混凝土构件也称为 SRC 构件。全部或大部分采用钢骨混凝土构件的结构称为钢骨混凝土结构，它是组合结构的一种。

与钢筋混凝土结构相比，钢骨混凝土结构具有许多显著的特点：

（1）在截面尺寸相同的条件下，可以合理配置较多的钢材。对于受力较大柱，当采用钢筋混凝土构件时，为了满足轴压比的要求，柱截面尺寸往往很大，形成短柱，而这类短柱的延性很差。如果采用钢骨混凝土，就可以大大提高柱的含钢率，使柱的承载力和变形能力有效提高。

对于大跨度梁，如果采用钢筋混凝土构件，梁截面高度较大，难以满足建筑净高的要求，而改用钢骨混凝土构件就很容易满足要求。另外，由于钢材几乎没有徐变问题，钢骨混凝土构件由于徐变引起的挠度较小。

（2）由于钢筋混凝土与型钢形成整体，共同受力，钢骨混凝土构件的变形能力强，抗震性能好。钢骨的存在使构件的延性得到很大的改善。

（3）当结构的基础采用钢筋混凝土结构、上部为钢结构时，为避免结构楼层刚度的突变，采用钢骨混凝土结构作为过渡层可以使结构的传力更为合理。

（4）钢骨混凝土的骨架安装与全钢结构相同，由于骨架有较大的承载力，可以作为施工时临时脚手架，若楼面采用压型钢板组合楼面，可大大节省模板工作量，加快施工进度。

（5）与钢筋混凝土相比，钢骨混凝土的造价较高；因为在构件中同时存在钢骨和钢筋，浇注混凝土较困难。

与钢结构相比，钢骨混凝土具有如下特点：

（1）与全钢结构相比，可节约钢材达 1/3 以上，经济性较好。

（2）混凝土有利于提高型钢的整体稳定性和钢板的局部稳定性，结构刚度大，在风荷载和地震作用下，结构的水平位移可严格控制。

（3）包裹在型钢外面的混凝土兼有构件受力和钢骨保护层的功能，可以取代型钢表面的钢材防锈和防火涂料，耐久性好，节约后期维护费用。

（4）结构自重大，与钢结构相比，施工复杂程度较高，工期稍长。

由于钢骨混凝土具有上述特点，20世纪80年代以来，钢骨混凝土在我国许多工程中被采用，许多高层建筑开始采用钢骨混凝土结构。在国外，尤其是日本等多地震国家，钢骨混凝土应用较普遍。

钢骨混凝土的结构分析与一般结构相同。本节重点介绍钢骨混凝土构件的设计计算方法和节点构造。

2. 钢骨混凝土构件计算的基本假定

由于钢骨混凝土构件是由混凝土、钢筋和钢骨三种材料构成的组合构件，计算分析较复杂。钢骨混凝土构件的主要特点之一是钢骨与混凝土的粘结强度比钢筋与混凝土的粘结强度低很多。特别是在反复荷载作用下，钢骨与混凝土的粘结破坏明显，混凝土受压区的裂缝与钢筋混凝土构件相比，裂缝数量少但宽度较大。试验表明，在达到极限承载力之前，钢骨与混凝土之间已经产生了相对滑移。因此，钢筋混凝土构件计算中采用的钢筋与混凝土变形协调的假定不能准确反映构件的受力特点。我国《钢骨混凝土结构设计规程》采用了强度叠加方法，即假定钢骨混凝土构件的承载力是钢骨与钢筋混凝土两部分承载力之和。这种方法具有计算简单、应用灵活的特点，计算结果偏于安全，因而得到广泛应用。

当风荷载或多遇地震作用参与荷载组合时，结构的内力和位移是处在弹性范围内的。当钢骨混凝土构件的含钢率较大时，应考虑钢骨对构件刚度的影响。钢骨混凝土构件的刚度为钢骨与钢筋混凝土两部分刚度之和。

3. 钢骨混凝土梁设计

（1）钢骨混凝土梁正截面承载力。

钢骨混凝土梁的受力性能与破坏形态试验表明，钢骨混凝土梁的受力性能受钢骨与钢筋混凝土两部分的影响，一般情况下，其荷载—位移曲线大致可分为弹性、开裂、弹塑性及破坏等四个阶段。

截面应变。钢骨与混凝土之间的粘结力一般较弱，对于未设置剪力连接件的梁，在荷载达到极限荷载的80%以前，钢骨与混凝土可以保持共同工作状态。当达到极限荷载80%以后，由于发生了相对滑移，钢骨与混凝土的应变不连续，平截面假定不再成立。此时钢骨与混凝土各自的平均应变仍然保持为平面，且两者的中和轴基本上是一致的。

设置剪力连接件的梁在钢骨翼缘表面与混凝土交界处没有明显的纵向裂缝，这表明钢骨与混凝土之间没有产生相对滑移，剪力连接件能够有效地保证钢骨与混凝土之间的共同工作。另外，试验还表明，外包混凝土具有良好的防止钢骨板件局部屈曲的能力，所以在计算钢骨混凝土构件时，一般无需考虑钢骨板件局部屈曲的影响。

（2）钢骨混凝土梁斜截面承载力。

斜截面破坏形态。

钢骨混凝土梁一般跨高比较大，通常易于发生弯曲破坏。钢骨腹板的厚度对受剪开裂的发生、最大承载力以及延性都有很大影响，随着腹板厚度的增大，受剪承载力明显上升。

钢骨混凝土梁受剪破坏时，在钢骨翼缘附近产生许多短的斜裂缝，这种破坏形式称为剪切粘结破坏。钢骨翼缘与混凝土的接触面发生粘结破坏后，抗剪截面有效宽度减少。与普通钢筋混凝土钢筋相比，钢骨混凝土中的钢骨与混凝土的粘结强度较弱。当剪力很大时，可以认为混凝土部分与钢骨部分各自独立地抗弯，因而钢骨混凝土钢筋的受剪承载力也可视为钢骨与混凝土两部分承载力之和。

影响钢骨混凝土梁抗剪承载力的因素很多，其中包括剪跨比、加载方式、混凝土强度等级、含钢率、钢骨翼缘宽度与梁跨度之比、钢骨翼缘的保护层厚度、含箍率等等。

钢骨混凝土梁受剪承载力限值。

由钢骨部分与钢筋混凝土部分的抗剪承载力公式可知，增加钢骨腹板的厚度和加大配箍率都能有效地提高箍筋的抗剪能力。试验表明，通过增大含钢率来提高箍筋的抗剪能力是有限度的，当含钢率太大时，钢骨腹板与箍筋的应力尚未达到屈服时梁已经发生斜压破坏。

（3）钢骨混凝土梁的变形和裂缝宽度计算。

钢骨混凝土梁除要进行抗弯和抗剪承载力验算外，还需要进行在正常使用条件下的变形和裂缝宽度验算。由于钢骨混凝土梁承载力较高，构件截面尺寸较小，如果变形和裂缝宽度过大将影响结构的正常使用及耐久性要求。根据钢骨混凝土梁破坏的三个阶段，受拉区混凝土开裂前，构件基本处于弹性变形阶段。当荷载达到破坏荷载的10%~15%时，跨中混凝土出现裂缝。在开裂点，弯矩—挠度曲线出现弯折，以后基本保持直线。当加载至破坏荷载的75%~85%时，受拉钢筋与型钢下翼缘先后进入屈服状态，弯矩-挠度曲线逐渐趋于平缓。随着荷载的不断增加，混凝土部分的裂缝逐渐向上发展，开裂截面受压区高度减小。由于此时有更多的钢骨腹板参与受拉，故截面的承载力还可以继续提高。最后，由于受压区混凝土出现纵向裂缝，导致构件最终破坏。

与钢筋混凝土构件相比，钢骨混凝土梁由于钢骨的存在，使梁的刚度增大。当极限承载力相同时，钢骨混凝土梁的刚度较大。与钢筋混凝土梁相似，在正常使用条件下，绝大多数钢骨混凝土梁处于第二阶段。

① 钢骨混凝土梁的短期刚度。

试验表明，当钢骨为工字钢时，在正常使用阶段，钢骨与钢筋混凝土大体保持变形协调，截面平均应变基本符合直线分布规律。

② 长期荷载作用下的刚度。

在长期荷载作用下，考虑到混凝土的徐变和收缩对钢筋混凝土部分抗弯刚度的影响，故对其刚度进行折减。

③ 变形计算。

在计算钢骨混凝土梁的挠度时，可假定各弯矩同号区段内梁的抗弯刚度相同，并取该区段内最大弯矩截面相应的刚度，按材料力学的方法计算。

④ 裂缝宽度计算。

计算钢骨混凝土梁的裂缝宽度时，可将其钢筋混凝土部分视为钢筋混凝土梁，从而可以用类似与现行《混凝土结构设计规范》中裂缝宽度的计算公式计算。此时混凝土部分承担的弯矩为 Mrck，并将钢骨受拉翼缘视为受拉钢筋，考虑其对裂缝间距的影响。

4. 钢骨混凝土柱设计

（1）钢骨混凝土柱正截面承载力。

钢骨混凝土柱正截面受力性能和破坏形态。

①轴心受压构件。

轴心受压短柱在加载过程中，钢骨和钢筋首先达到屈服，混凝土出现肉眼看得见的纵向裂缝。随着荷载的不断增加，柱的轴向变形进一步加大，裂缝迅速扩展，当混凝土达到极限压应变时，混凝土被压溃，柱丧失承载能力。试验中未发现钢骨外包混凝土产生剥离和鼓胀现象，钢骨也未发生板件局部屈曲，混凝土与钢骨的变形基本上是协调一致的，两者保持共同工作直至破坏。因此，对于轴心受压短柱，其承载力是混凝土、钢筋和钢骨三部分承载力的简单叠加。

②偏心受压（压弯）构件。

试验表明，钢骨混凝土偏心受压短柱的破坏是以受压区混凝土的破坏为特征的，与钢筋混凝土柱类似，可以根据柱达到极限承载力时钢骨受拉翼缘是否达到屈服分为大偏心受压和小偏心受压两种情况。对于小偏心受压构件，破坏前受拉区横向裂缝出现较晚或不出现，受拉钢筋尚未达到屈服，破坏时在柱中间附近混凝土保护层突然压碎，纵向裂缝迅速向上下两端开展，继而混凝土被压碎，承载力陡然下降。对于大偏心受压构件，受拉区横向裂缝出现较早，受拉钢筋和钢骨受拉翼缘屈服后，承载力还可进一步提高，直到受拉区一部分钢骨腹板也进入屈服后，承载力才开始下降。偏心距越大，柱的变形能力越强。

实腹钢骨混凝土柱与钢筋混凝土柱破坏形态不同之处在于其保护层的劈裂更为突出，这导致在构件丧失承载力时荷载下降很快，但由于钢骨腹板没有完全屈服，而且钢骨与箍筋对核心部分混凝土有很好的约束作用，所以构件仍能保持一定的承载力，有较好的变形能力。在外加荷载达到最大荷载的 80% 以前，钢骨与混凝土的变形基本上是协调的，大于 80% 后，钢骨与混凝土之间产生相对滑移。通过对构件混凝土与钢骨的测量，发现混凝土部分与钢骨两者均基本符合平截面假定，只有曲率略有误差。

（2）钢骨混凝土柱斜截面承载力。

① 钢骨混凝土柱斜截面的破坏形态。

钢骨混凝土柱在反复弯剪作用下，其斜截面的主要破坏形态可以分为斜压破坏、粘结破坏和弯剪破坏三种基本形式。

当剪跨比较小（$\lambda < 1.5$）时，钢骨混凝土柱往往发生斜压破坏。在往复荷载作用下，斜裂缝的方向与构件对角线的方向大致相同。随着荷载的增加与反复，斜裂缝进一步发展，沿对角线方向形成若干斜压小柱体。最后，小柱被压溃，混凝土剥落，导致构件破坏。

当剪跨比 $1.5 < \lambda < 2.5$ 时，实腹钢骨混凝土柱容易发生粘结破坏。在往复荷载作用下，除了沿 H 型钢产生很多短的斜裂缝外，还沿钢骨翼缘外表面出现纵向裂缝，使钢骨翼缘与保护层完全脱离，在翼缘旁边形成薄弱环节。最后，外层混凝土剥落，柱发生剪切破坏。实腹钢骨混凝土柱较格构式钢骨混凝土柱更容易发生粘结破坏。

对于轴压比较低的构件，当剪跨比 $\lambda > 2.5$ 时容易发生弯剪型破坏，其破坏形态与钢筋混凝土柱类似，柱端首先出现水平弯曲裂缝，在反复荷载作用下，水平缝连通，并与斜裂缝交叉。当柱截面的受剪承载力高于受弯承载力时，受拉区钢材首先屈服，而后发生剪切破坏。反之，受拉区钢材尚未达到屈服时就会发生剪切破坏。

影响钢骨混凝土柱斜截面受剪承载力的因素很多，其中主要包括混凝土、钢骨、箍筋、剪跨比与轴压比等等，以下对这些主要影响因素作一简要说明。

A. 混凝土。

混凝土的强度等级对构件的开裂荷载影响很大。混凝土强度等级越高，抗裂能力越强，同时对于提高钢骨和钢筋与混凝土之间的粘结强度也有很大帮助。

B. 钢骨。

对于采用实腹式钢骨的钢骨混凝土柱，钢骨腹板承担绝大部分剪力，翼缘的抗剪作用可忽略不计。

C. 箍筋。

配箍率越高，钢骨混凝土柱的延性越好。由于箍筋的约束作用，使混凝土处于三向受力状态，从而可以有效地延缓混凝土应变软化段的下降坡度，提高其极限压应变值。配箍率越大，对核心混凝土的约束就越有效，构件的延性就越好。

D. 剪跨比的影响。

与钢筋混凝土柱类似，剪跨比对钢骨混凝土柱剪切破坏形态也有很大影响。当剪跨比较小（λ≤2.5），通常发生剪切粘结破坏；当剪跨比 λ>2.5~3，弯矩起控制作用，通常出现弯剪型破坏。当剪跨比 1.5<λ<2.5 时，钢骨混凝土柱的剪切开裂荷载与受剪极限承载力随着剪跨比的增大而降低。

E. 轴压比的影响。

轴向压力的存在可以有效地抑制钢骨混凝土柱斜裂缝的出现与发展，使开裂荷载与极限承载力均有提高。在轴压比小于 0.5 范围内，随着轴压比的增加，受剪承载力大致呈线性增加。当轴压比很大时，柱的破坏形态可能由剪切破坏转化为受压破坏。

② 钢骨混凝土柱截面限值。

A. 剪压比限值。

与钢骨混凝土梁的情况类似，通过加大钢骨腹板厚度与增加配箍率来提高柱的抗剪能力是有一定限度的，为了防止构件出现斜压破坏，混凝土部分的承载力不能太低。

B. 轴压比限值。

试验表明，尽管钢骨混凝土柱的延性比普通钢筋混凝土柱有很大的改善，但当柱承受的轴向压力超过轴向受压极限承载力的 50% 时，柱的延性明显下降。影响钢骨混凝土柱延性的主要因素是混凝土承担的轴向压力。

4. 钢骨混凝土构件一般要求

（1）一般构造要求。

① 钢骨部分。

A. 钢骨构件的宽厚比。

由于混凝土和箍筋的约束作用，钢骨中板材的宽厚比纯钢构件有较大提高。对于钢骨混凝土构件，即使混凝土保护层剥落后，翼缘的局部屈曲形状也与纯钢构件不同，这是因为此时核心部分的混凝土仍然保存完好，使得屈曲只能向外方向发生，临界应力也有很大提高。当钢骨的宽厚比满足要求时，在计算极限承载力时，可不考虑钢骨局部屈曲的影响。在钢骨混凝土构件中，钢骨板材的厚度不应小于 6mm。

B. 含钢率。

在钢骨混凝土梁、柱中，钢骨的含钢率不应小于 2%，也不宜大于 15%。

为了充分发挥钢与混凝土两种材料各自的特点，达到经济合理、施工方便的目的，钢骨混凝土构件的含钢率既不能太大，也不能太小。实践表明，当含钢率 5%~8% 时较为合理，且柱的含钢率一般应大于梁的含钢率。

在施工阶段，钢骨可以用作模板支架。此时要对由钢骨构成的框架进行施工阶段验算，保证在施工荷载及可能出现的风荷载作用下，满足承载力、稳定性和施工精度的要求。

② 钢筋混凝土部分。

对于钢骨混凝土构件，钢筋混凝土部分的构造要求大部分与普通钢筋混凝土构件相同。与普通钢筋混凝土构件不同的是，在钢骨混凝土构件中，由于钢骨的存在，纵向钢筋与箍筋配置的形式及数量受到很大限制，配筋率和配箍率均较小。

在钢骨混凝土构件中，箍筋的作用也是十分显著的，箍筋除了在钢筋混凝土部分斜载面抗剪中起重要作用外，对构件内部的混凝土也有很好的约束作用，能够有效地防止纵向钢筋压曲和钢骨的腹板或翼缘发生局部屈曲。当箍筋对核心混凝土的约束作用很好时，构件的延性系数可达 6~7。

在钢骨混凝土结构中，混凝土强度等级不宜低于 C25。

③ 保护层厚度。

A. 钢筋。

钢筋保护层厚度主要是由防火、防锈、防止钢筋纵向屈曲以及保证钢筋与混凝土之间粘结力等因素决定的，设计时可参照现行《混凝土结构设计规范》中的有关规定。由于在钢骨混凝土构件中配筋的形式受到一定限制，钢筋直径一般较大，因此保护层厚度可略大于普通钢筋混凝土构件的保护层厚度。

B. 钢骨。

钢骨保护层厚度主要是由构件的耐火等级、耐久性、粘结力等因素以及施工便捷性决定的。对于钢骨混凝土构件，当保护层厚度为 50mm 时，耐火极限为 2h；当保护层厚度为 60mm 时，耐火极限为 3h。另外，浇捣混凝土能否密实也是很重要的。现行《钢骨混凝土结构设计规程》规定，主筋与钢骨之间的净距不得小于 30mm 且应大于粗骨料最大粒径的 1.5 倍，箍筋与钢骨之间的净距不小于 25mm 及粗骨料最大粒径的 1.5 倍。为了做到构造合理、混凝土浇捣密实，柱的保护层厚度取 150mm 左右，梁的保护层厚度取 100mm 左右比较合适。

④ 剪力连接件。

当钢骨上需要设置剪力连接件时，宜优先采用栓钉。栓钉的直径规格宜选用19mm和22mm两种，其长度不应小于4倍栓钉直径，且栓钉的间距不应小于5倍栓钉直径。

（2）梁。

① 纵向受力钢筋。

纵向受力钢筋直径不应小于12mm，钢筋净距大于25mm及1.5倍钢筋直径。除特殊情况外，纵向受力钢筋不得超过两排。伸入支座的纵向受力钢筋的根数和锚固长度可参照《混凝土结构设计规范》的有关规定执行。腰筋设置要求与普通钢筋混凝土梁相同，当梁高大于700mm时，在梁的两侧每隔大于300～400mm设置一道腰筋。次梁上部钢筋拉通，下部钢筋可以穿过主梁钢骨的腹板或直接向上弯折。

② 箍筋。

钢骨混凝土梁一般采用封闭式箍筋，无论按受力计算需要与否，都应沿梁的全长设置箍筋。在抗震设计中，箍筋应设135°弯钩，弯钩端头直线段长度不应小于10倍箍筋直径。钢骨混凝土梁中箍筋的直径与间距应满足表3-8的要求，且箍筋间距也不应大于梁高的1/2。对于抗震设防的结构，距梁端1.5倍梁高的范围内为箍筋加密区，当梁净跨小于截面高度的4倍时，沿梁全跨按加密区间距配置箍筋。

（3）柱。

① 柱的截面形式。

钢骨混凝土柱的截面形式宜采用矩形，对于十字形钢骨，边长不宜小于600mm；对于工字形钢骨，短边长度不小于400mm，长边不小于600mm。柱净高与截面长边尺寸之比宜大于4，柱的计算长度与截面短边长度之比不应大于30。为了保证混凝土浇捣密实，通常在柱钢骨的横向隔板上设置透气孔。

② 纵向受力钢筋。

柱的纵向钢筋宜采用对称配筋，钢筋的最小直径不小于12mm，最小净距不小于50mm。柱受压侧纵向钢筋的配筋率不应小于0.2%。框架柱纵向钢筋的接头，应采用焊接连接，钢筋接头应放在两个水平面上，并宜与钢骨接头位置错开。相邻接头的间距不得小于500mm，接头最低点距柱端不宜小于柱截面长边尺寸，且宜设在楼板面以上700mm左右处。

由于纵向受力钢筋有时只能配置在柱的角部，造成钢筋之间距离很大。此时应在纵向受力钢筋之间设置纵向构造钢筋，直径为φ12～φ20，且不小于受力钢筋直径的1/2，间距不应大于200mm。

③ 箍筋。

在钢骨混凝土柱中，应采用封闭式箍筋。考虑到框架梁柱节点核心区箍筋贯通孔对钢骨腹板的削弱，核心区箍筋间距不宜太密，取 150mm 左右为宜。为了施工方便，核心区箍筋常用两个 U 型箍焊接而成，单面焊缝长度不小于 10d。

柱中箍筋的体积配箍率 ρ_{sv} 不应小于 0.5%，箍筋直径和间距应满足要求。对抗震设防的结构，在距柱上、下端 1.5 倍截面高度的范围内，箍筋间距应加密。当柱净高小于柱截面高度的 4 倍时，沿柱全高按加密区要求配置箍筋。

5. 框架梁柱节点

钢骨混凝土结构中典型的梁柱结点如图 3-78 所示。在决定梁柱结合部的形式时，应主要考虑应力传递简捷、避免应力集中、钢骨焊接加工方便、梁柱的受力钢筋定位合理以及混凝土浇捣方便等因素。在钢骨混凝土结构中，除梁、柱均为钢骨混凝土构件外，还包括梁为纯钢构件或钢筋混凝土构件等情况。

（1）钢骨混凝土柱—钢骨混凝土梁。

在钢骨混凝土结构中，梁柱节点钢骨连接的构造要求与钢结构基本相同。在节点区域，通常采用柱钢骨贯通形式，在柱钢骨内梁翼缘的位置设置水平加劲肋，且加劲肋的设置应便于混凝土浇捣。

对于钢骨混凝土框架梁柱节点，梁内和柱内的主筋宜穿过节点核心区，尽量保持其连续性，钢筋敷设也比较简单。当梁中受力钢筋锚固于柱中时，钢筋要伸过柱的中心线后再弯折。钢筋不应穿过柱、梁钢骨的翼缘，也不得与柱钢骨直接焊接。当在钢骨腹板上设置钢筋贯穿孔时，截面开孔率不应超过腹板面积的 20%，如果开孔率过大时，应考虑适当的补强措施。节点核心区的箍筋应按计算确定，且直径不小于柱端加密区箍筋的直径，箍筋间距取 150mm 左右为宜。

（2）钢骨混凝土柱—钢筋混凝土梁。

当梁中的纵向钢筋根数较少时，宜优先考虑使梁中所有纵筋从柱钢骨翼缘外侧通过，并在柱钢骨腹板设置贯通孔。当梁的纵筋根数较多或柱钢骨翼缘较宽时，梁的部分纵筋可以通过钢牛腿与柱钢骨相连，钢筋与牛腿可以采用搭接或焊接两种方式。

当梁的主筋与柱牛腿采用搭接时，需在柱钢骨上设置一段钢梁。钢梁的高度不小于 0.8 倍梁高，长度不小于梁截面高度的 2 倍，且应满足梁内主筋搭接长度要求。在钢梁上下翼缘应设置栓钉，栓钉的直径不小于 19mm，栓钉间距不大于 200mm，且栓钉至钢骨板材边缘的距离不小于 50mm。此时，梁内尚应不小于 1/3 纵向受力钢筋穿过钢骨混凝土梁连续配置。从柱边至钢梁端部外 2 倍梁高范围内，需要按钢筋混凝土梁加密区的要求配置箍筋。

当梁的主筋与柱采用焊接时，梁内部分主筋穿过钢骨混凝土柱连续配置，部分主筋在柱钢骨翼缘外侧截断，与柱钢骨伸出的牛腿可靠焊接，如图 3-81b 所示。牛腿的长度应满足与钢筋搭接焊的长度。从柱边至牛腿端部以外 2 倍梁高范围内，应按钢筋混凝土梁筋加密区的要求配置箍筋。

6. 柱与柱的连接

（1）钢骨混凝土柱—钢筋混凝土柱。

当结构下部采用钢骨混凝土柱，上部采用钢筋混凝土柱时，其间应设置过渡层。过渡层柱应按钢筋混凝土柱设计，其弯矩和剪力设计值应乘以不小于 1.2 的增大系数，并沿过渡层全高按钢筋混凝土柱箍筋加密区的规定配置箍筋。

钢骨混凝土柱内的钢骨应伸至过渡层顶部梁高范围。过渡层钢骨可按构造要求配置，并在钢骨翼缘上设置栓钉。栓钉的直径不小于 19mm，水平与竖向中心距不大于 200mm，且栓钉至钢骨板材边缘的距离不大于 100mm。

（2）钢骨混凝土柱—钢柱。

当结构下部为钢骨混凝土柱、上部为钢柱时，应设置过渡层。

钢柱截面在过渡层保持不变，并设置外包钢筋混凝土。过渡层钢柱向下伸入钢骨混凝土柱内，在由梁下表面至 2 倍柱钢骨截面高度处，与钢骨混凝土柱内的钢骨相连。在钢骨翼缘上应设置栓钉，栓钉的直径不小于 19mm，水平与竖向中心距不大于 200mm，且栓钉至钢骨板材边缘的距离不大于 100mm。

过渡层柱应按钢柱设计，且过渡层柱的截面刚度应取下部钢骨混凝土柱截面刚度（EI）SRC 与上部钢柱截面刚度（EI）s 的中间值，可取（0.4~0.6）[（EI）SRC+（EI）s]。过渡层外包混凝土的厚度按刚度要求确定，但不得小于 50mm，外包混凝土配筋按构造要求确定。

7. 钢骨拼接

在钢骨混凝土结构中，钢骨拼接的形式与纯钢结构大致相同。在实际工程中，钢骨腹板常用高强度螺栓连接，翼缘常用高强度螺栓连接或全熔透焊缝连接。由于钢骨混凝土柱的钢骨经常采用十字形或 T 形截面，腹板连接板的宽度与螺栓列数将会受到限制，在设计时应加以注意。钢骨拼接的位置应尽量避免在应力很大的部位。从理论上讲，拼接节点设在构件长期荷载作用下的反弯点比较理想，但这将给构件运输和现场安装造成不便。实际工程中，梁的拼接节点通常设在距柱边 1m 左右的位置，柱的接头放在楼板以上约 1m 处。为加快施工进度，减少现场焊接量，常常将钢骨在工厂制作成较大的拼接单元。

五、框架结构基础设计

(一)基础的类型及其选型

基础的作用是将上部结构的荷载可靠地传递给地基，基础既要满足承载力要求，又要求有足够的刚度，以调节可能出现的地基不均匀沉降。基础一般采用钢筋混凝土。多层房屋常用的基础的形式有独立基础、条形基础、十字形基础、片筏基础、箱形基础和桩基础。

前5种基础称为浅基础，桩基础属于深基础。

当层数不多、荷载不大而场地土地质条件较好（地基承载力较高，土层分布均匀）时，多层框架结构也可采用柱下独立基础。当柱距、荷载较大或地基承载力不是很高时，单个基础的底面积将很大，这时可以将单个基础在一个方向连成条形，做成柱下条形基础。条形基础与独立基础相比可以适当调节地基可能产生的不均匀沉降，减轻不均匀沉降对上部结构产生的危害。为了既保证一定的底板面积，又增加基础的刚度和调节地基不均匀沉降的能力，柱下条形基础常做成肋梁式的。条形基础的布置方向与承重框架方向一致，即对于横向框架承重方案，在横向布置条形基础，纵向则布置构造连系梁；对于纵向框架承重方案，在纵向布置条形基础，横向则布置构造连系梁。对于纵横向框架承重方案，需要在两个方向布置条形基础，称为十字形基础。

随着上部荷载的增加，所要求的底板面积相应增大，当底板连成一片时即称为片筏基础。片筏基础有平板式和梁板式两种形式。平板式片筏基础，施工简单、方便，但混凝土用量大；梁板式片筏基础，通过布置肋梁增加基础的刚度，因而可以减小板的厚度，但施工较为复杂。

当房屋设有地下室时，可以将地下室底板、侧板和顶板连成整体，并设置一定数量的隔板，形成箱形基础。箱形基础的刚度很大，调节地基不均匀沉降的能力很强。箱形基础主要用于高层建筑。需要说明的是，为了形成整体工作，箱形基础的隔墙是必不可少的。如果没有隔墙，则地下室的底板按一般片筏基础设计；顶板按一般楼盖设计；侧板则按承受土压力的板设计。

采用片筏基础后地基的承载力和变形仍不能满足要求时，需要采用桩基础将上部荷载传至较深的持力层。桩基础是高层建筑的主要基础形式，有时结合地下室常常采用桩—箱复合基础。一般来说浅基础的工程造价比深基础低，但如果持力层较深，为了减少挖土量，多层房屋采用桩基础可能是更为经济的方案。

基础类型的选择需考虑场地土的工程地质情况、上部结构对地基不均匀沉降的敏感程度、上部结构荷载的大小以及现场施工条件等因素。对于大型工程，设计时可以进行必要的技术经济比较，综合考虑后确定。

（二）基础分析模型

上部结构、基础和地基是一个整体，共同作用，较为理想的方法是将三者作为一个整体进行分析。但为了减轻计算工作量，工程中常常采用简化分析模型，将上部结构与地基基础分开分析。任何一种分析模型都必须满足上部结构与基础、基础与地基之间的力的平衡和变形协调条件。基础受到来自上部结构传来的荷载和地基反力（即基底压力）的作用。前者可以通过上部结构内力分析得到；而后者涉及到地基模型。

1. 地基模型

地基模型是对地基沉降与基底压力之间关系的描述。地基的模型很多，最简单也是使用最广泛的地基模型是 1876 年捷克工程师 E. Winkler 在计算铁路钢轨时提出的文克勒模型，该模型假定地基上某一点所受到的压强与该点的地基沉降成正比，其比例系数称为基床系数。这一假定认为，任一点的沉降仅与该点受到的压强有关，而与其它点的压强无关，实际上是忽略了地基土的剪应力。这相当于地基是由一根根单独的弹簧组成，故这一模型又称为弹簧地基模型。

由于该模型忽略了剪应力的存在，因而根据该模型地基中的附加应力不可能向四周扩散分布，使基地以外的地表发生沉降，这显然不太符合实际情况。但由于模型简单，目前仍相当普遍地使用。对于厚度不超过基础宽度一半的薄压缩层地基较适用于这种模型。

另一种较为常用的地基模型是半空间地基模型。该模型将地基假定为半无限空间匀质弹性体，地基上任意一点的沉降与整个基底反力的分布有关。弹性半空间模型虽然考虑应力和变形的扩散，但计算所得的沉降量和地表的沉降范围常常超过实测结果。一般认为这是由于实际地基的压缩层厚度都是有限的缘故。此外，即使是同种土层组成的地基，其力学指标也是随深度变化的，并非匀质体。

压缩层地基模型假定地基沉降等于压缩层范围内各计算分层在完全侧限条件下的压缩量之和。该模型能较好地反映地基土扩散应力和变形能力，考虑土层沿深度和平面上的变化以及非匀质性。但由于它只能计及土的压缩变形，所以仍无法考虑地基反力的塑性重分布。

为了了解实际地基反力与沉降的关系，一些典型工程进行了现场实测，在实测数据的基础上提出基底反力的经验计算公式。

2. 基础模型

目前基础的解析分析都是建立在文克勒地基模型上的，在对上部结构、基础和地基进行整体数值分析时，可以采用其它地基模型。基础的分析模型除了与地基模型有关外，还与基础和上部结构有关。建立在文克勒地基模型上的基础分析模型可以分为两大类：刚性基础模型和弹性基础模型。对于条形基础，弹性基础模型又称为弹性地基梁模型。

（1）刚性基础模型。

刚性基础模型假定基础刚度相对于地基为无限大，因而地基发生沉降后，基础仅发生刚体位移，即基础的沉降沿水平方向线性分布。由于总是假定基础与地基保持接触，即满足变形协调条件，所以地基沉降沿水平方向也应该是线性分布的。根据文克勒地基假定，基底反力必定是线性分布，这时可以由静力平衡条件确定地基反力分布。

对于条形基础，刚性基础模型根据上部结构的刚度大小有静力法和倒梁法两种计算方法。根据上面的模型假定，地基反力已获得。为了得到基础梁的单独分析模型，将其从整体结构中分离出来分析，将柱端切开，上部结构的作用以适当的支座来模拟。假定柱子的抗弯刚度相对于基础梁可以忽略不计，即认为柱子对基础梁没有转动约束（这一假定与分析上部结构通常对柱子与基础刚接的假定是一致的），这时，上部结构的作用可以用带弹簧的铰支座代替

当上部结构的刚度很大（相对于基础），假定为无限大时，基础梁在与柱子的连接处没有竖向相对位移，即弹簧的刚度为无限大，因而柱子可以看成是基础梁的不动支座，基础梁相当于倒置的连续梁，受到地基反力的作用，故称为倒梁法。

当上部结构的刚度很小，可忽略时，柱子对基础梁的竖向变形没有任何约束作用，即弹簧的刚度为零，柱子仅起传递荷载的作用。这时，基础梁成为图 3-86d 所示的计算模型。根据静力平衡条件可以求出任一截面的内力，故称为静力法。

（2）弹性基础模型。

当基础的变形不可忽略时，地基的沉降是基础的刚体位移与基础弹性变形的总和，一般沿水平方向不再是线性分布，因而地基反力无法仅根据静力平衡条件确定，需要利用基础与地基的变形协调条件。目前比较成熟的计算方法有地基系数法、链杆法和有限差分法。

地基系数法是根据基础梁的挠度等于地基沉降，地基沉降与基底反力之间的关系，这两个条件建立基础梁的弹性挠曲线微分方程，求得基础梁的挠度后，可得到基础梁的截面转角，利用截面转角与截面弯矩、剪力的关系，得到基础梁截面内力。

链杆法是将梁底接触面等分成若干个段落，每个段落的中点设置一根链杆，段落范围

内基底反力的合力用链杆的内力代替；将链杆内力作为未知数，用结构力学方法求解。

有限差分法是用差分方程代替微分方程的一种数值分析方法，可以用来分析板式基础。弹性基础模型的地基系数法、链杆法和有限差分法请参阅《基础工程》，下面介绍的基础设计方法都采用刚性基础模型。

（三）条形基础设计

1. 条形基础的内力分析

（1）确定基底反力和基础底面尺寸。

采用文克勒地基模型，加上刚性基础假定，可以推出基底反力为线性分布。设条形基础的长为 L，宽为 B，根据基础的平衡条件（基底反力的合力和合力点位置必须与上部荷载相同），可以得到基底反力的最大值和最小值为：

（2）静力法。

对于沿长度方向等截面的基础梁，其自重和覆土重并不会在梁内产生弯矩和剪力，因而进行基础内力分析时，基底反力采用不包括基础自重和覆土重的净反力。

基础梁在基底净反力和柱子传来的竖向力、力矩作用下，任一截面的弯矩和剪力可利用理论力学中的截面法很方便地求出。一般可选取若干个截面进行计算，然后绘制弯矩图、剪力图。

（3）倒梁法。

倒梁法将基础梁作为以柱子为铰支座的连续梁，可以用结构力学中力法、位移法或弯矩分配法计算。用倒梁法计算所得的支座反力一般并不等于上部柱子传来的竖向荷载（即柱子轴力），即在上部结构与基础之间，不满足力的平衡条件（作用力应该等于反作用力），计算结果需要进行调整。在实用中，通过调整局部基底反力来消除这种差异。将支座反力与轴力间的差值（正或负）均匀分布在相应支座两侧各 1/3 跨度范围内，作为基底反力的调整值，然后再进行一次连续梁分析。如果调整后柱子轴力与支座反力的差异仍较大，可继续调整，直至两者基本吻合。

（4）静力法与倒梁法的比较。

对于同一个基础梁，采用静力法和倒梁法计算的结果一般是不同的，除非用倒梁法计算出的支座反力未经调整刚好等于柱轴力时，两者的结果才会一致。一般来说，当层数较少，楼盖刚度较小时，上部结构的刚度较小，静力法比较适用；反之，当层数较多，楼盖刚度较大时，上部结构的刚度较大，倒梁法比较适用。实际工程中的上部结构刚度既不是绝对柔性，也不是绝对刚性，必要时可参考上述两种简化计算结果的内力包络图进行截面设计。

前面提到过，任何基础分析模型都必须满足基础与上部结构之间力的平衡和变形协调条件。静力法和倒梁法在满足这一条件的途径是不同的。静力法通过将柱子内力直接作用于基础，来满足力的平衡。根据上部结构柔性假定，柱子自动具有与接触点基础梁相同的变形。倒梁法的柱与基础交接，使基础在铰接点具有与柱相同的变形；而力的平衡是通过不断调整局部基底反力来满足的。

2. 条形基础的截面设计

条形基础的截面设计包括肋梁和翼板。肋梁需进行受弯承载力计算、受剪承载力计算和抗冲切承载力计算，肋梁的冲切破坏面见图 3-88a。翼板需进行受弯承载力计算和抗冲切承载力计算。底板抗弯计算时，翼板冲切破坏面见图 3-88b。肋梁的弯矩和剪力由上面的基础内力分析得到，翼板的弯矩可按以肋梁为固定端的悬臂板计算。

3. 条形基础的构造要求

柱下条形基础的梁高宜为柱距的 1/8~1/4。翼板厚度不宜小于 200mm。当翼板厚度为 200~250mm 时，宜用等厚度翼板；当翼板厚度大于 250mm 时，宜用变厚度翼板，其坡度小于或等于 1：3。

为了减小边跨跨中的弯矩，条形基础的端部应向外伸出，其长度宜为边跨跨距的 0.25~0.3 倍。

基础梁的肋宽宜比柱子的截面边长至少大 100mm，不满足时，应在柱子与基础的相交处，将基础肋梁局部放大，满足尺寸要求。基础梁顶面和底面的纵向受力钢筋应有 2~4 根通长配置，且其面积不得少于纵向钢筋总面积的 1/3。肋中受力钢筋的直径不应小于 10mm；翼板受力钢筋的直径不小于 8mm，间距 100~200mm。

当翼板的悬伸长度 $l_f > 750mm$ 时，翼板受力钢筋的一半可在距翼板边 $0.5l_f - 20d$ 处切断。

箍筋直径不应小于 8mm。当肋宽 b≤350mm 时用双肢箍；当 350mm<b≤800mm 时采用四肢箍；b>800mm 时用六肢箍。在梁的中间 0.4 跨度范围内，箍筋的间距可以适当增大。

当梁的高度大于 700mm 时，应在梁的侧边设置纵向构造钢筋。

（四）十字形基础的内力分析

十字形基础的内力分析方法，根据上部结构的刚度大小，也可以分为两种情况。

（1）上部结构刚度很大。当上部结构刚度很大时，可以对上部结构作刚性假定，柱子作为交叉梁的不动铰支座，基础受到基底反力和交叉节点处的力矩作用。在节点力矩作用下，一个方向的梁受弯，而另一个方向的梁受扭。如果忽略基础梁承受的扭矩，即弯矩由作用方向的梁承担。十字形基础可以分解成两组倒置的连续梁，分别用倒梁法进行计算。

（2）上部结构刚度很小。当上部结构刚度很小时，可对上部结构作柔性假定，将柱子的轴向力和力矩直接作用在十字形基础的交叉节点处。如果能将节点处的集中力和力矩在纵横两个方向的基础梁上进行分配，则十字形基础可以分解为两组基础梁，用静力法进行计算截面内力。对于力矩，假定完全由作用方向的基础梁承担；对于集中力，则根据静力平衡条件和变形协调条件确定。

（3）近似方法。考虑到相邻荷载对地基沉降（即基础的竖向位移）的影响随距离的增大而迅速减小，当十字形基础的节点间距离较大，且各节点荷载差别不显著时，可不考虑相邻荷载的影响。这样，节点荷载的分配计算将大大简化。

第三节　高层建筑结构设计及优化

高层建筑按所用结构材料可以分为钢筋混凝土结构、钢结构、砌体结构和混合结构。由于砌体材料的抗拉强度较低，抵抗水平作用的能力和延性较差，在高层建筑中很少使用。但以工业废弃物为原料的砌块砌体，通过适当的配筋和构造措施，在小高层中有一定的应用前景。高层建筑中的混合结构主要是指钢筋混凝土—钢混合结构。鉴于在《工程结构设计原理》和本书前几章已解决了不同材料组成的梁、板、柱结构构件的设计方法，因此，本节重点阐述高层建筑结构体系及其布置原则，常用的剪力墙结构、框架—剪力墙结构的分析方法以及剪力墙的截面设计方法。此外，简单介绍筒体结构和转换层结构的基本知识。

一、高层建筑结构体系及其布置原则

（一）高层结构的基本受力单元

高层结构的基本受力单元包括框架、剪力墙和筒体。其中筒体又可以分为核心筒和框筒。框架由梁、柱构成。

1. 剪力墙

剪力墙是宽度和高度比其厚度大得多，且以承受水平荷载为主的竖向构件。剪力墙的宽达十几米或更大，高达几十米甚至上百米。相对而言，它的厚度则很薄。剪力墙平面内的刚度很大，而平面外的刚度很小。为了保证剪力墙的侧向稳定，各层楼盖对它的支撑作用相当重要。剪力墙的下部一般固结于基础顶面，构成竖向悬臂构件，习惯上称其为落地剪力墙。剪力墙既可以承受水平荷载，也可以承受竖向荷载，但承受平行于墙体平面的水平荷载是其主要作用。这一点与一般仅承受竖向荷载的墙体有区别。在抗震设防区，水平荷载由水平地震作用产生，因此剪力墙有时也称为抗震墙。

由于纵横墙相连，故剪力墙的截面形成 I 形、Z 形、T 形和] 形，如图 4-1 所示。剪力墙上常常因建筑要求开设门窗洞，开洞时应尽量使洞口上下对齐，布置规则，洞到墙边的距离必须满足一定的要求。

2. 核心筒

核心筒一般由电梯间或设备管线井道周围的钢筋混凝土墙组成，如图 4-3a 所示。其水平截面为箱形，是竖向悬臂薄壁结构。在建筑平面布置中，为了充分利用建筑物四周的景观和采光，电梯间等服务性用房常设置在房屋的中部，核心筒由此而得名。因筒壁上仅开有少量洞口，故有时也称为"实腹筒"。

筒体在两个水平方向均有很大的刚度。核心筒的刚度除了与壁厚有关外，还与筒体的平面尺寸有关。平面尺寸越大，结构的刚度越大。但平面尺寸的增大会减少使用面积。

3. 框筒

框筒是由布置在房屋四周的密集立柱与高跨比很大的裙梁所组成的空腹筒体，它犹如四榀平面框架在角部连接而成，故称为框筒。框筒结构在水平荷载作用下，不仅与水平荷载相平行的两榀框架（常称为腹板框架）受力，而且与水平荷载相垂直的两榀框架（常称为翼缘框架）也参与工作，构成一个空间受力结构。

（二）高层结构体系

由高层结构的基本受力单元可以构成许多种类的结构承重体系。最常用的有框架结构体系、剪力墙结构体系、框架—剪力墙结构体系、筒体结构体系、框架—筒体结构体系等。

1. 框架结构体系

高层建筑中的框架结构体系由纵横向框架组成，框架既承受竖向荷载，又承受两个方向的水平荷载。框架结构具有布置灵活的优点，容易满足各种不同的建筑功能和造型要求。框架结构的延性和抗震性能较好，但由于侧向刚度相对较小，在地震作用下容易产生较大的变形而导致非结构构件的破坏，框架结构的高度受到一定限制。

2. 剪力墙结构体系

剪力墙结构体系由纵、横向剪力墙和楼板构成，剪力墙既承受两个方向的水平荷载，又承受全部的竖向荷载。剪力墙结构体系的侧向刚度较大，因而建造高度比框架结构体系大。

由于竖向荷载直接由楼盖传递至剪力墙，剪力墙的间距决定了楼板的跨度，一般为3~8m，因而剪力墙结构体系的平面布置受到很大限制，适用于隔墙位置固定，平面布置比较规则的住宅、旅馆等建筑。广州白云宾馆是我国首栋百米高层建筑，33层，总高114.05m，1976年建成。20世纪80年代初，上海先后在漕溪路建成了20栋12~16层的剪力墙住宅楼。目前我国90%的10~30层高层住宅采用剪力墙结构体系。

当底层或底部若干层需要取消一部分剪力墙，以形成大空间满足建筑要求时，一部分剪力墙的底部成为框架，即成为框支剪力墙，其余部分的剪力墙仍为落地剪力墙。这类结构体系称为底部大空间剪力墙结构。为了使上层剪力墙的水平力有效地传递到落地剪力墙上，需设置过渡楼面，一般称为转换层。较小的转换层可采用厚板，较大的转换层则采用梁或桁架。

3. 框架—剪力墙结构体系

框架—剪力墙结构体系由框架和剪力墙组成，它克服了框架结构侧向刚度小和剪力墙结构开间过小的缺点，发挥了两者的优势，既可使建筑平面灵活布置，又能使层数不是太多（30层以下）的高层建筑有足够的侧向刚度。

由于楼盖在自身平面内的巨大刚度，水平荷载由框架和剪力墙共同承担，一般情况下，剪力墙承担大部分剪力。负荷范围内的竖向荷载则由框架或剪力墙各自承担。

在框架—剪力墙结构体系中，剪力墙应尽可能均匀布置在房屋的四周，以提高结构抵抗扭转的能力。

4. 筒体结构体系

筒体结构体系的主要形式有框筒结构、筒中筒结构和成束筒结构。

为了减小楼面结构的跨度，中间往往设置一些柱子，以承受竖向荷载，而水平荷载全部由框筒结构承担。

筒中筒结构体系由建筑物四周的框筒和内部的核心筒组成。当内外筒之间的距离超过12m时，一般另设承受竖向荷载的内柱，以减小楼面结构的跨度。筒中筒结构体系的侧向刚度非常大，是目前超高层建筑的主要结构形式。1985年建成的深圳国际贸易中心，高160m，采用的就是这种筒中筒结构体系，见图4-4a。

成束筒结构体系由若干个单元筒体并列组成，它的侧向刚度极大。1974年建成的美国西尔斯大厦，110 层，高 443m，底部由 9 个钢框筒组成，是典型的成束筒结构体系。

5. 框架—筒体结构体系

常用的框架—筒体结构是在核心筒周围布置框架，以满足建筑功能要求。南京金陵饭店标准层平面，四周由 28 根外柱、20 根内柱以及四个角筒组成的框架，中间为正方形内筒，属框架—筒体结构。这种结构体系的受力特点与框架—剪力墙结构体系类似，发挥了框架和筒体各自的优点。由于核心筒的位置和平面尺寸受建筑布置的影响，因而结构的侧向刚度受到一定限制。

有时在建筑物四周布置多个实腹筒体，而中间为框架结构，这也是一种框架—筒体结构形式，一般称为框架—多筒体结构体系。

6. 巨型框架结构体系

巨型框架结构是利用筒体作为柱子，在筒体与筒体之间每隔若干层（几层或十几层）设置巨型梁或桁架，形成具有很强侧向刚度的框架结构，其余楼层设置次框架。次框架可以落在巨型梁上或悬挂在巨型梁上，后者一般称为悬挂结构。次框架上的竖向荷载和水平荷载全部传递给巨型框架。

二、剪力墙结构分析

（一）单榀剪力墙受到的水平荷载

1. 空间问题的简化

剪力墙结构是由一系列纵、横向剪力墙和楼盖组成的空间结构，承受竖向荷载和水平荷载。在竖向荷载作用下，剪力墙结构的分析比较简单。下面主要讨论在水平荷载作用下的内力和侧移计算方法。

为了把空间问题简化为平面问题，在计算剪力墙结构在水平荷载作用下的内力和侧移时，作如下基本假定：

（1）楼盖在自身平面内的刚度为无限大，而在平面外的刚度很小，可忽略不计；

（2）各榀剪力墙主要在自身平面内发挥作用，而在平面外的作用很小，可忽略不计。根据假定（1），在水平荷载作用下，楼盖在水平面内没有相对变形，仅发生刚体位移。因而，任一楼盖标高处，各榀剪力墙的侧向水平位移可由楼盖的刚体运动条件惟一确定。

根据假定（2），对于正交的剪力墙结构，在横向水平分力的作用下，可只考虑横向剪力墙的作用而忽略纵向剪力墙的作用；在纵向水平分力的作用下，可只考虑纵向剪力墙的作用而忽略横向剪力墙的作用。从而将一个实际的空间问题简化为纵、横两个方向的平面问题。实际上，在水平荷载作用下，纵、横剪力墙是共同工作的，即结构在横向水平力作用下，不仅横向剪力墙起抵抗作用，纵向剪力墙也起部分抵抗作用；纵向水平力作用下的情况类似。为此，将剪力墙端部的另一方向墙体作为剪力墙的翼缘来考虑，即纵墙的一部分作为横墙端部的翼缘，横墙的一部分作为纵墙的翼缘参加工作。

2. 剪力墙的抗侧刚度

由于剪力墙的截面抗弯刚度很大，弯曲变形相对较小，剪切变形的影响不能忽略。此外，当结构很高时，还应考虑轴向变形的影响。在简化计算中，剪切变形和轴向变形对抗侧刚度的影响可采用等效刚度的方法。等效刚度是按顶点位移相等的原则折算为竖向悬臂构件只考虑弯曲变形时的刚度。在不同的侧向荷载作用下等效刚度的表达式将有所不同。

3. 水平荷载在各榀剪力墙之间的分配

一般情况下，楼盖在水平荷载作用下的刚体运动将发生包括自身平面内的移动和转动。但如果水平荷载通过某一中心点，则楼盖仅发生移动而无转动，这一中心位置称为剪力墙结构的抗侧刚度中心。

（二）单榀剪力墙的受力特点

当把作用于整个结构的水平荷载分配给各榀剪力墙后，便可对每榀剪力墙进行内力分析。单榀剪力墙可以看作竖向悬臂结构。由于剪力墙上往往开有门窗洞口，与一般的实腹悬臂梁相比，其应力分布要复杂得多。通常把剪力墙开洞后所形成的水平构件称为连梁；竖向构件称为墙肢。

理论分析与试验研究表明，剪力墙的受力和变形特性主要受洞口的大小、形状和位置的影响。当剪力墙上洞口较小时，剪力墙水平截面内的正应力分布在整个截面高度范围内呈线性分布或接近于线性分布，仅在洞口附近局部区域有应力集中现象。洞口对墙体内力的影响可以忽略不计。这类剪力墙称为整截面剪力墙。

如果剪力墙上的洞口很大，连梁和墙肢的刚度均较小，整个剪力墙的受力和变形类似框架结构，在水平荷载作用下，墙肢内沿高度方向几乎每层均有反弯点。但由于连梁和墙肢的截面尺寸均较一般框架结构的梁、柱大，需考虑截面尺寸效应。这类剪力墙称为壁式框架。当剪力墙的开洞情况介于上述两者之间时，剪力墙的受力特性也介于上述两种情况之间。这一范围的剪力墙又可以分为整体小开口剪力墙和联肢剪力墙两种。

针对不同类型剪力墙的主要受力特点，提出了不同的简化计算方法。目前常用的计算方法有三类：材料力学方法，适用于整截面剪力墙和整体小开口剪力墙；连续化方法，适用于联肢剪力墙（双肢或多肢）；D值法，适用于壁式框架。

（三）水平荷载作用下的材料力学法

1. 内力分析

对于整截面剪力墙，洞口对截面应力分布的影响可忽略，在弹性阶段，水平荷载作用下沿截面高度的正应力呈线性分布，故可直接应用材料力学公式，按竖向悬臂梁计算剪力墙任意点的应力或任意水平截面上的内力。

对于整体小开口剪力墙，在水平荷载作用下，墙肢水平截面的正应力分布偏离直线规律，相当于剪力墙整体弯曲所产生的正应力和各墙肢局部弯曲所产生的正应力之和。相应地可将荷载产生的总弯矩分为整体弯矩和局部弯矩。在整体弯矩作用下，剪力墙按组合截面弯曲，正应力在整个截面高度上按直线分布，然而每个墙肢的正应力分布是不均匀的，除存在轴力外还有部分整体弯矩；在局部弯矩作用下，剪力墙按各个单独的墙肢截面弯曲，正应力仅在各墙肢截面高度上按直线分布。

2. 侧移计算

整截面剪力墙及整体小开口剪力墙在水平荷载作用下的侧移值，同样可以用材料力学公式计算。但因剪力墙的截面高度大，需考虑剪切变形对位移的影响。当开有洞口时，还应考虑洞口对截面刚度的削弱。

（四）水平荷载作用下的连续栅片法

连续栅片法适用于联肢剪力墙。当剪力墙上有一列洞口时，称为双肢墙；当剪力墙上有多列洞口时，称之为多肢墙，双肢墙和多肢墙统称为联肢墙。剪力墙上的洞口较大时，整体性受到影响，剪力墙的截面变形不再符合平截面假定，水平截面上的正应力已不再呈一连续的直线分布，不能再作为单个构件用材料力学方法计算。

连续栅片法的基本思路是：将每一楼层处的连系梁用沿高度连续分布的栅片代替，连续栅片在层高范围内的总抗弯刚度与原结构中的连系梁的抗弯刚度相等，从而使得连系梁的内力可用沿竖向分布的连续函数表示；建立相应的微分方程；求解后再换算成实际连系梁的内力，进而求出墙肢的内力。下面以双肢墙为例，介绍连续栅片法的原理。

1. 基本假定

（1）连梁的作用可以用沿高度连续分布的栅片代替；

（2）连梁的轴向变形可忽略；

（3）各墙肢在同一标高处的转角和曲率相等；

（4）层高、墙肢截面面积、墙肢惯性矩、连梁截面面积和连梁惯性矩等几何参数沿墙高方向均为常数。

假定（1）将整个结构沿高度连续化，为建立微分方程提供了前提；根据假定（2），墙肢在同一标高处具有相同的水平位移；由假定（3）可得出连梁的反弯点位于梁的跨中；假定（4）保证了微分方程的系数为常数，从而使方程得到简化。

2. 微分方程的建立

由于连梁的反弯点在跨中，故切口处仅有剪力集度 τ（沿高度的分布剪力），将此作为未知数，利用切口处的竖向相对位移为零这一变形条件，建立微分方程。任一高度处的剪力集度已知后，利用平衡条件可求得墙肢和连梁的所有内力。

（五）水平荷载作用下壁式框架的 D 值法

当剪力墙的洞口尺寸很大，甚至于洞口上下梁的刚度大于洞口侧边墙的刚度时，剪力墙的受力接近于框架。但因这时梁柱的截面尺寸均较大，又不完全与普通框架相同，故称这类剪力墙为壁式框架。

普通框架在进行结构分析时，梁柱的截面尺寸效应是不考虑的，构件被没有截面宽度和高度的杆件代替，这一般称为杆系结构。对于等截面构件，认为沿构件长度的截面刚度相等。实际上在构件两端，由于受到相交构件的影响，截面刚度相当大，即在节点部位存在一个刚性区域。对于壁式框架，刚性区域较大，对受力的影响不应忽略。此外，由于构件的截面尺寸较大，需考虑剪切变形的影响。所以用 D 值法计算壁式框架必须作一些修正。

（六）剪力墙分类判别方法

前面提到，剪力墙可以分为整截面剪力墙、整体小开口剪力墙、联肢剪力墙和壁式框架等四类。不同类别剪力墙的受力性能有很大的区别。在此，连梁与墙肢的相对刚度比值是影响剪力墙受力性能的重要因素之一。

当连梁的刚度很大，墙肢的刚度相对较小时，连梁对墙肢的约束作用很强，连梁内的剪力很大，墙肢内的轴力较大，由各墙肢轴力构成的弯矩平衡了水平荷载所产生的总弯矩的大部分，而各墙肢中的弯矩很小，说明结构的整体性很好；反之，当连梁的刚度较小，墙肢的刚度相对较大时，墙肢轴力构成的弯矩较小，外弯矩主要由各墙肢中的弯矩平衡，说明结构的整体性较差。

三、框架—剪力墙结构分析

(一) 框架—剪力墙结构的简化计算模型

在竖向荷载作用下，内力计算比较简单，框架和剪力墙各自承担负荷范围内的楼面荷载。

在水平荷载作用下，框架和剪力墙的变形特性有很大的不同。规则框架沿房屋高度的层间抗侧刚度变化不大，而楼层剪力及层间位移自顶层向下越来越大。而剪力墙的层间位移自顶层向下越来越小。在框架—剪力墙结构中，由于各层刚性楼盖的连接作用，两者必须协同工作，在各楼层处具有相同的位移。

如果能确定框架和剪力墙分担的水平荷载比例，便可利用第 3 章和本章前面介绍的内容分别对框架和剪力墙进行内力分析。

在框架—剪力墙结构的简化计算中，采用如下基本假定：

(1) 楼盖在其自身平面内的刚度无限大，而平面外的刚度可忽略不计；

(2) 水平荷载的合力通过结构的抗侧刚度中心，即不考虑扭转的效应；

(3) 框架与剪力墙的刚度特征值沿结构高度为常量。

由于水平荷载通过结构的抗侧刚度中心，且楼盖平面内刚度无限大，楼盖仅发生沿荷载作用方向的平移，荷载方向每榀框架和每榀剪力墙在楼盖处具有相同的侧移，所承担的剪力与其抗侧刚度成正比，而与框架和剪力墙所处的平面位置无关。于是可把所有框架等效成综合框架，把所有剪力墙等效成综合剪力墙，并将综合框架和综合剪力墙放在同一平面内分析。综合框架和综合剪力墙之间用轴向刚度为无限大的综合连杆或综合连梁连接。前者称为框架—剪力墙的铰接体系；后者称为框架—剪力墙刚接体系。

(二) 框架—剪力墙的协同工作性能

1. 结构的侧移特性

框架与剪力墙结构的侧向位移特性是不同的。框架结构的侧移曲线凹向初始位置，自底部向上，层间位移越来越小，与悬臂梁的剪切变形曲线相类似，故称"剪切型"；而剪力墙结构的侧移曲线凸向初始位置，自底部向上，层间位移越来越大，与悬臂梁的弯曲变形曲线类似，故称"弯曲型"。对于框架—剪力墙结构，由于刚性楼盖的连接作用，两者的侧向变形必须一致，结构侧移曲线为"弯剪型"。框架—剪力墙结构的侧移曲线，随着其刚度特征值的不同而变化。当 λ 值较小时（如小于 1），结构的侧移曲线接近剪力墙结构的侧移曲线；当 λ 值较大时（如大于 6），结构的侧移曲线接近框架结构的侧移曲线。

2. 结构的内力分布特性

在框架—剪力墙结构中，由框架和剪力墙共同分担水平外荷载，由任一截面上水平力的平衡条件可以得到 $p_w+p_f=p$（将水平力微分）。但由于框架和剪力墙的变形特性不同，使 p_w 与 p_f 沿结构高度方向的分布形式与外荷载的形式不一致，在框架与剪力墙之间存在着力的重分布。

在结构的底部，剪力墙结构的层间侧移小于框架结构的层间位移，为了使两者具有相同的层间位移，剪力墙承担的分布荷载将大于外荷载，而框架承受的分布荷载与外荷载方向相反，两者之和应等于外荷载。而在结构的上部，框架的层间侧移小于剪力墙的层间侧移，在变形协调过程中，剪力墙受到框架的"扶持"作用，剪力墙承担的分布荷载小于外荷载，框架承担的分布荷载与外荷载方向一致。

剪力墙部分和框架部分承担的分布荷载沿结构高度方向的变化情况。将分布荷载沿高度方向积分可以得到外荷载产生的总剪力和综合剪力墙承担的剪力、综合框架承担的剪力。综合剪力墙和综合框架承担的剪力随刚度特征值的变化而变化。当 λ=0，意味着综合框架的刚度可以忽略不计，所有的剪力全由综合剪力墙承担；当 λ=∞，意味着综合剪力墙的刚度可以忽略不计，所有的剪力全由综合框架承担；在一般情况下，剪力由综合剪力墙和综合框架分担。在结构的顶部，由于框架的"扶持"作用，综合框架承担的剪力将超过外荷载产生的总剪力。需要注意的是，在结构的底面，综合框架所承担的剪力总是为零，外荷载产生的总剪力均由综合剪力墙承担。这是因为在固定端，综合剪力墙的刚度为无限大，而综合框架的抗侧刚度在固定端并不是无限大。

四、剪力墙截面设计

剪力墙是高层建筑结构中的主要承重单元，一般采用钢筋混凝土，也有采用钢骨混凝土的。剪力墙包括墙肢和连梁两种构件，在竖向荷载和水平荷载作用下，墙肢和连梁内都将产生弯矩、剪力和轴力。由于楼盖的作用，连梁内的轴力可以不考虑。截面设计包括正截面承载力计算和斜截面承载力计算，当受到集中荷载作用时，尚应验算其局部受压承载力。

（一）钢筋混凝土剪力墙截面设计

1. 墙肢正截面承载力计算

剪力墙正截面承载力计算方法与偏心受力柱类似，所不同的是在墙肢内，除了端部集中配筋外还有竖向分布钢筋。此外，纵横向剪力墙常常连成整体共同工作，纵向剪力墙的一部分可以作为横向剪力墙的翼缘，同样，横向剪力墙的一部分也可以作为纵向剪力墙的翼缘。因此，剪力墙墙肢常按 T 形截面或 I 形截面设计。

试验表明，剪力墙在水平反复荷载作用下，其正截面承载力并不下降。因此，无论有无地震作用，剪力墙正截面承载力的计算公式是相同的。当内力设计值中包含地震作用组合时，需要考虑承载力抗震调整系数 γ_{RE}。

根据轴向力的性质，墙肢有偏心受压和偏心受拉两种受力状态。其中偏心受压又可以分为大偏心受压和小偏心受压。大小偏压的判别条件与偏心受压柱相同，即 $\xi \leqslant \xi_b$ 时为大偏心受压；$\xi > \xi_b$ 时为小偏心受压。其中 ξ 为相对受压区高度系数，ξ_b 为界限受压区高度系数。

小偏心受压。

当 $\xi > \xi b$ 时，墙肢发生小偏心受压破坏，截面上大部分受压或全部受压，大部分或全部分布钢筋处于受压状态。由于分布钢筋直径一般较小，墙体发生破坏时容易产生压屈现象，因此，小偏心受压时墙肢内分布钢筋的作用不予考虑。于是墙肢小偏心受压的承载力计算公式与柱的承载力公式完全相同。而墙肢分布钢筋则按构造要求设置。

对于小偏心受压墙肢，尚应按轴心受压构件验算平面外的承载力，验算时，不考虑分布钢筋的作用。

2. 墙肢斜截面承载力计算

墙肢的斜截面破坏形态与受弯构件类似，有斜拉破坏、剪压破坏和斜压破坏。其中斜拉破坏和斜压破坏比剪压破坏更加脆性，设计中通过构造措施加以避免。与一般受弯构件斜截面承载力计算不同的是需要考虑轴向力的影响。

试验表明剪力墙在反复水平荷载作用下，其斜截面承载力比单调加载降低 15%~20%。规范将静力受剪承载力计算公式乘以 0.8 作为抗震设计时的受剪承载力计算公式。

对于抗震等级为一、二、三级的剪力墙，为保证墙肢塑性铰不过早发生剪切破坏，应使墙肢截面的受剪承载力大于其受弯承载力。在墙肢底部 H/8 范围内，剪力设计值按下列规定取值：

一级抗震等级 VW = 1.6V

二级抗震等级 VW = 1.3V

三级抗震等级 VW = 1.2V

上式中，V 为考虑地震作用组合剪力墙计算部位的剪力设计值。其它部位的剪力设计值均取 VW = 1.0V。

框架—剪力墙结构中的现浇剪力墙周边宜设置柱和梁作为边框，边框柱的配筋率及洞口周边应符合的要求；边框梁的纵向钢筋配筋率应满足一般受弯构件最小配筋率要求。

剪力墙水平和竖向分布钢筋的配筋率均不小于0.25%，并应双层配筋，钢筋间距不应大于300mm；直径不应小于8mm；拉结筋直径不应小于6mm，间距不大于600mm。

（二）钢骨混凝土剪力墙截面承载力计算

1. 概述

当在混凝土剪力墙端部设有型钢时，称为钢骨混凝土剪力墙。剪力墙周边有梁和钢骨混凝土柱的剪力墙称为带边框剪力墙；周边没有梁、柱的称为无边框剪力墙。

试验表明，由于端部设置了钢骨，无边框剪力墙的受剪承载力大于普通钢筋混凝土剪力墙。钢骨对抗剪承载力的贡献主要表现为销键作用，这种销键作用随着剪跨比增大而减小。

混凝土剪力墙中设置钢骨的另外一个重要作用是能够很好地解决钢梁或钢骨混凝土梁与剪力墙的连接问题。由于普通钢筋混凝土剪力墙的施工精度较差，如果通过预埋件与钢梁连接，其精度很难满足钢结构安装的需要。而在剪力墙中设置了钢骨，将钢梁与剪力墙中的钢骨连接，就很容易满足施工精度的要求。

钢骨混凝土剪力墙中连梁的截面设计方法与混凝土剪力墙相同，下面主要介绍墙肢的截面设计方法，包括正截面承载力计算和斜截面承载力计算。

2. 正截面承载力计算

正截面承载力计算时，钢骨的作用相当于钢筋，因而计算公式与前面介绍的混凝土剪力墙墙肢正截面计算公式很类似。当有边框或翼墙存在时，截面形式为I型，否则为矩形。

五、筒体结构分析简介

（一）筒体的受力特性

1. 实腹筒

实腹筒是一个封闭的箱形截面空间结构，由于各层楼面结构的支撑作用，整个结构呈现很强的整体工作性能。在剪力墙结构中，仅考虑平行于水平力方向的剪力墙参与工作，实腹筒则不同。理论分析和实验表明，实腹筒的整个截面变形基本符合平截面假定。在水平荷载作用下，不仅平行于水平力方向的腹板参与工作，与水平力垂直的翼缘也完全参与工作。

单榀剪力墙和实腹筒在水平荷载下截面的正应力分布。设剪力墙的宽度为 B，则内力臂为 2B/3；而筒体的内力臂接近腹板宽度 B，其正应力合力也比剪力墙的合力 T 大得多。因此实腹筒比剪力墙具有更高的抗弯承载力。剪力墙既承受弯矩又承受剪力作用；而筒体的弯矩主要由翼缘承担，剪力主要由腹板承担。

实腹筒体的变形主要由弯曲变形和剪切变形组成。当筒体高宽比小于 1 时，结构在水平荷载下的侧向位移以剪切变形为主，位移曲线呈剪切型；当筒体高宽比大于 4 时，结构侧向位移以弯曲变形为主，位移曲线呈弯曲型；当高宽比介于 1~4 之间时，侧向位移曲线介于剪切型与弯曲型之间。高层建筑中实腹筒的高宽比一般均大于 4。

2. 框筒

框筒由密排柱和高跨比很大的裙梁组成，它与普通框架结构的受力有很大的不同。普通框架是平面结构，仅考虑平面内的承载能力和刚度，而忽略平面外的作用；框筒结构在水平荷载作用下，除了与水平力平行的腹板框架参与工作外，与水平力垂直的翼缘框架也参加工作，其中水平剪力主要有腹板框架承担，整体弯矩则主要由一侧受拉、另一侧受压的翼缘框架承担。

框筒的受力特性与实腹筒也有区别。在水平荷载作用下，框筒水平截面的竖向应变不再符合平截面假定。符合平截面假定的应力分布。框筒的腹板框架和翼缘框架在角区附近的应力大于实腹筒体，而在中间部分的应力均小于实腹筒体，这种现象称为剪力滞后。

如果将筒体的箱形截面等效成工字形截面，由梁理论，横截面沿腹板和翼缘方向均存在剪应力，根据剪应力互等原理，与横截面垂直的方向存在着大小相等的剪应力，这种剪应力是依靠裙梁来传递的。而裙梁的竖向剪切刚度比实腹筒体要小得多，相应的剪切变形不可忽略，从而使截面的正应变无法保持线性变化。

剪力滞后使部分中柱的承载能力得不到发挥，结构的空间作用减弱。裙梁的刚度越大，剪力滞后效应越小；框筒的宽度越大，剪力滞后效应越明显。因而为减小剪力滞后效应，应限制框筒的柱距、控制框筒的长宽比。成束筒相当于增加了腹板框架的数量，剪力滞后效应大大缓和，所以抗侧刚度比框筒结构和筒中筒结构大。

设置斜向支撑和加劲层是减少剪力滞后的有效措施。在框筒结构竖向平面内设置 X 型支撑，可以增大框筒结构的竖向剪切刚度，从而减小剪力滞后效应。在钢框筒结构中常采用这种方法。加劲层一般设置在顶层和中间设备层。

当框筒的高宽比较小时，整体弯曲作用不明显，水平荷载主要由腹板框架承担，翼缘框架的轴力很小，由此合成的力矩很小。一般认为当高宽比超过 3 时，空间作用才明显。

（二）筒体结构的简化分析方法

筒体结构是复杂的三维空间结构，它由空间杆件和薄壁杆件组成。在实际工程中多采用三维空间结构分析方法，已有多种结构分析程序。但在初步设计阶段，为了选择结构截面尺寸，需要进行简单的估算。下面简单介绍针对矩形或其它规则筒体结构的近似分析方法。

1. 框筒结构

矩形框筒的翼缘框架由于存在剪力滞后效应，在水平荷载作用下，中间若干柱的轴力较小。为简化计算，假定翼缘框架中部若干柱不承担轴力，而其余柱构成的截面符合平截面假定。

2. 框架—筒体结构及筒中筒结构

框架—筒体结构的受力性能类似框架—剪力墙结构，因而可参照其分析方法。对于具有两个相互垂直对称轴的框架—筒体结构，可以在两个方向分别将框架合并为综合框架，将箱形截面的筒体划分为平面剪力墙（带翼缘），然后合并成综合剪力墙。考虑到实腹筒宽度较大时，也会存在剪力滞后效应，因而在计算平面剪力墙的截面惯性矩时，每侧翼缘的有效宽度取以下三种情况的最小值：实腹筒体墙厚度的 6 倍；实腹筒体墙轴线至翼缘墙洞口边的距离；实腹筒体总高度的 1/10。

对于筒中筒结构，将框筒作为普通框架处理，按框架—剪力墙结构进行水平力的分配。

六、转换层结构简介

（一）转换层结构的设计原则

在高层建筑中，为了满足底层大空间的需要，上层的部分剪力墙、柱、框筒等竖向构件将不贯通至基础，为此需要在过渡处设置水平转换层结构，以保证荷载的可靠传递。

常用的转换层结构有转换板、转换梁和转换桁架，其中转换桁架的形式有斜腹杆桁架和直腹杆桁架，一般满层设置。

转换层结构的受力相当复杂，且对抗震是不利的。结构设计时应遵循以下原则：

1. 减少转换

布置转换层上下主体竖向结构时，应使尽可能多的竖向结构连续贯通。在框架—核心筒结构中，核心筒应上下贯通。

2. 传力直接

应尽可能使转换结构传力直接，避免多级复杂转换。少用传力途径复杂的厚板转换。

3. 强化下部、弱化上部

为保证下部大空间整体结构有适宜的刚度、强度和延性，应通过加强转换层下部主体结构刚度，减弱转换层上部主体结构的刚度，尽可能使上、下部主体结构的刚度及变形特征比较接近。在抗震设防区，上下部主体结构总剪切刚度之比不宜大于2。

4. 选择合理的计算模型

必须将转换层作为整体结构中的一个重要组成部分，采用符合实际受力状态的计算模型进行三维空间整体结构分析。采用有限元方法对转换层进行局部补充分析时，转换层以上至少取两层结构进入局部计算模型，同时应考虑转换层及所有楼盖平面内刚度，考虑实际结构三维空间盒子效应，选择符合实际情况的边界条件。

转换层结构一般需采用计算机程序进行内力分析。下面对转换梁的受力特点作一简单介绍。

（二）剪力墙结构中的转换梁

在剪力墙结构中，如果部分剪力墙支承在底层框架上，形成上部为剪力墙，下部为框架的剪力墙，称为框支剪力墙，而从上到下贯通的剪力墙称为落地剪力墙。支承上部剪力墙的梁称为转换梁。由于转换梁与上部的剪力墙共同工作，类似墙梁的工作状态，其受力与一般的框架梁有本质的区别，需要对底层梁、柱及上部的剪力墙，即框支剪力墙进行整体分析。

1. 框支剪力墙的受力特点

（1）竖向荷载下墙体的应力分布。

双跨框支剪力墙在竖向荷载作用下，墙内竖向正应力分布情况。在距梁界面 L_0 以上的墙体内，竖向正应力的分布基本不受底层是框架的影响，呈均匀分布；稍低处，竖向正应力 σ_y 沿拱线向柱上方集中。一部分荷载首先沿较大的拱线直接传到边柱，剩下的荷载再沿小拱分别传递给边柱和中柱。

（2）墙体有洞口时。

有洞口框支剪力墙的计算方法与无洞口相同，但由于洞口的存在，墙的截面削弱了，更多的荷载需要由框支梁来承担，梁的弯矩和剪力增大，轴向拉力有所减小。

3. 水平荷载下的内力及位移分析的思路

（1）上部为整截面剪力墙。

上部墙体为整截面剪力墙时，可把上部墙体看作固定于框支梁上的竖向悬臂构件，在水平荷载下可用材料力学公式计算剪力墙内力，而框架部分的内力可用反弯点法计算。

（2）上部为联肢剪力墙时的内力分析。

框支剪力墙，底层为框架，上部墙体为双肢剪力墙。参照一般双肢剪力墙的分析方法，将连梁用连续化的栅片代替，并在中点切开。以切口处的剪力集度作为未知量。与一般落地剪力墙不同的是，剪力墙底部的边界条件不同。对于落地剪力墙，剪力墙墙底没有水平位移、竖向位移和转角位移；而对于框支剪力墙，剪力墙墙底存在水平位移、竖向位移和转角位移。

第四章　建筑抗震设计及优化

第一节　地震作用和结构的抗震验算

地震，就是由于地面运动而引起的振动。振动的原因是由于地壳板块的构造运动，造成局部岩层变形不断增加、局部应力过大，当应力超过岩石强度时，岩层突然断裂错动，释放出巨大的变形能。这种能量除一小部分转化为热能外，大部分以地震波的形式传到地面而引起地面振动。这种地震称为构造地震，简称为地震。此外，火山爆发、水库蓄水、溶洞塌陷也可能引起局部地面振动，但释放能量都小，不属于抗震设计研究的范围。

地球上有两大地震带：环太平洋地震带和地中海南亚地震带。环太平洋地震带从南美洲西部海岸起，经北美洲西海岸、阿拉斯加南岸、阿留申群岛，转向西南至日本列岛，然后分为两支：一支向南经马里亚纳群岛至伊里安岛，另一支向西南经琉球群岛、我国台湾、菲律宾、印度尼西亚至伊里安岛会合，再经所罗门、汤加至新西兰。这条地震带上所发生的地震占世界地震的80%~90%，活动性最强。地中海南亚地震带西起大西洋的亚速岛，经地中海、希腊、土耳其、伊朗、印度北部、我国西部和西南地区，再经缅甸、印度尼西亚的苏门答腊和爪哇，与环太平洋地震带相遇。

由于我国地处上述两大地震带之间（台湾和西藏南部尚在上述地震带上），因此是个多地震国家。据统计，我国从1900—1971年间就发生过四百多次破坏性地震。而1976年7月28日凌晨3时42分在唐山发生的7.8级地震、同日18时45分在唐山滦县发生的7.1级地震、同年11月15日21时53分在天津市宁河发生的6.9级地震所造成的地震灾害则为世界地震史上所罕见，仅死亡人数就高达二十余万人。时隔32年后的2008年5月12日14点28分，发生在四川省的汶川地震达到8.0级、极震区烈度超过11度。山河变色，仅死亡和失踪人数就超过8.5万人。

为了减轻建筑的地震破坏，避免人员伤亡，减少经济损失，我国《建筑抗震设计规范》规定：抗震设防烈度为6度及以上地区的建筑，必须进行抗震设计。而我国6度及以上地区，约占全国总面积的60%，因此掌握抗震设计的基本知识和设计方法，不仅对于土木建筑工程专业人员十分重要，对于建筑学专业及相关专业的人员也是必要的。

一、地震作用和结构的抗震验算

（一）地震简介

1. 地震波

在地层深处发生岩层断裂、错动而释放能量，产生剧烈振动的地方称为震源，震源正上方的地面称为震中，震中邻近的地区称为震中区。

地震时释放的能量以波的形式传播。在地球内部传播的波称为体波，在地球表面传播的波称为面波。

体波包括纵波和横波。纵波是一种压缩波，也称为 P 波，介质的振动方向与波的传播方向一致；纵波的周期短、振幅小、波速最快（为 200~1400m/s），它引起地面的竖向振动。横波是一种剪切波，也称为 S 波，介质的振动方向与波的传播方向垂直；横波的周期长、振幅大、波速较慢（约为纵波波速的一半），它引起地面水平方向的振动。

面波是体波经地层界面多次反射和折射后形成的次生波，也称为 L 波。它的波速最慢（约为横波的 0.9 倍），振幅比体波大，振动方向复杂，其能量也比体波的大。

2. 震级和烈度

（1）地震震级。地震震级是地震大小的等级，是衡量一次地震释放能量大小的尺度。地震震级通常用里氏震级表示：

$$M = \log A$$

式中　M——里氏震级；

A——采用标准地震仪（周期 0.8s、阻尼系数 0.8、放大倍数 2800 倍）在距离震中 100km 处的坚硬地面上记录到的地面水平振幅（采用两个方向水平分量平均值，单位为 μm，$1\mu m = 10^{-3} mm$）；当地震仪距震中不是 100km 或非标准时，应按规定修正。

由上式可见，震级相差 1 级时，地面振幅相差 10 倍。

震级与地震释放的能量 E（单位：$10^{-7}J$）的关系可用经验公式表示：

$$\log E = 1.5M + 11.8$$

震级增加 1 级时，能量增加约 32 倍。

通常将 M<2 的地震称为微震，M=2~4 的地震称为有感地震，M>5 的地震称为破坏性地震（将引起建筑物不同程度的破坏），M=7~8 的地震称为强烈地震，M>8 的地震称为特大地震。地震释放的能量相当惊人：例如，一次 6 级地震相当于爆炸一颗 2 万吨级的原子弹所释放的能量。1960 年 5 月 22 日在智利发生的 8.7 级地震，其能量相当于一个一百万千瓦电厂在十多年间发出的总电量。时隔 50 年后的 2011 年 3 月 11 日发生在日本东海岸的地震，震级竟达到 9.0 级，造成了巨大损失。

（二）地震烈度

1. 地震烈度的概念

地震烈度是指地震发生时在一定地点振动的强烈程度，它表示该地点地面和建筑物受破坏的程度（宏观烈度），也反映该地地面运动速度和加速度峰值的大小（定值烈度）。地震烈度与建筑所在场地、建筑物特征、地面运动加速度等有关。显然，一次地震只有一个震级，而不同地点则会有不同的地震烈度。

2. 地震烈度的统计分布

根据统计分析，一般认为我国地震烈度的概率密度（可以理解为统计时段内发生某一烈度的可能性大小）函数符合极值Ⅲ型分布。

有几个烈度值具有特别意义：①众值烈度 I_m：是曲线峰值点所对应的烈度，即发生机会最多的地震烈度，称为多遇地震烈度，其 50 年内的超越概率为 63.2%；②基本烈度 I_0：其 50 年内的超越概率为 10%，该烈度是抗震设防烈度的依据；③罕遇烈度 I_s：超越概率为 2%~3%，即发生这种烈度的地震的可能性很小，是一种小概率事件。众值烈度比基本烈度低 1.55 度；罕遇烈度比基本烈度高 1 度左右。

3. 设计地震分组

在地球内部发生岩层断裂、错动的地方称为震源，震源正上方的地面称为震中，地面上某一点距震中的距离称为震中距。某一地区遭遇不同震级、不同的震中距（即不同震源）的地震而烈度相同时，对该地区不同动力特性的建筑物的震害并不相同。一般而言，震中距较远、震级较大的地震对自振周期长的高柔结构的破坏比同样宏观烈度但震级较小、震中距较近的破坏要严重。考虑到这一差别，在确定地震影响参数时，用"设计地震分组"分为第一组、第二组、第三组。《规范》附录 A 列出了我国抗震设防区各县级及县级以上城镇中心地区的分组。

4. 抗震设防烈度

抗震设防烈度是按国家规定的权限批准作为一个地区抗震设防依据的地震烈度。一般情况下，它与地震基本烈度相同，取 50 年内超越概率为 10% 的地震烈度；但两者不尽一致，必须按国家规定的权限审批、颁发的文件（图件）确定，参见附表 33。《规范》中的"烈度"都是指抗震设防烈度。

二、抗震设计的基本要求

（一）建筑抗震设防分类和设防标准

1. 抗震设防类别

根据建筑的使用功能的重要性，分为甲类、乙类、丙类、丁类四个抗震设防类别。

（1）甲类建筑。甲类建筑应属于重大建筑工程和地震时可能发生严重次生灾害的建筑。

（2）乙类建筑。乙类建筑应属于地震时使用功能不能中断或需尽快恢复的建筑。如医疗、广播、通讯、交通、供电、供水、消防和粮食等工程及设备所使用的建筑。

（3）丙类建筑。属于除甲、乙、丁类以外的一般建筑。

（4）丁类建筑。属于抗震次要建筑，一般指地震破坏不易造成人员伤亡和较大经济损失的建筑。

2. 抗震设防标准

（1）甲类建筑。

地震作用应高于本地区抗震设防烈度的要求，其值应按批准的地震安全性评价结果确定；抗震措施：当抗震设防烈度为 6～8 度时，应符合本地区抗震设防烈度提高一度的要求；当为 9 度时，应符合比 9 度抗震设防更高的要求。

（2）乙类建筑。

地震作用应符合本地区抗震设防烈度的要求。

抗震措施：一般情况下，当抗震设防烈度为 6～8 度时，应符合本地区抗震设防烈度提高一度的要求；当为 9 度时，应符合比 9 度抗震设防更高的要求；地基基础的抗震措施，应符合有关规定。

对较小的乙类建筑，当其结构改用抗震性能较好的结构类型时，允许仍按本地区抗震设防烈度的要求采取抗震措施。

（3）丙类建筑。

地震作用和抗震措施均应符合本地区抗震设防烈度的要求。

（4）丁类建筑。

一般情况下，地震作用仍应符合本地区抗震设防烈度的要求。

抗震措施允许比本地区抗震设防烈度的要求适当降低，但抗震设防烈度为 6 度时不应降低。

抗震设防烈度为 6 度时，除规范有具体规定外，对乙、丙、丁类建筑可不进行地震作用计算。

（二）抗震设防目标

按《规范》进行抗震设计的建筑，其基本的抗震设防目标是：当遭受低于本地区抗震设防烈度的多遇地震影响时，主体结构不受损坏或不需修理可继续使用（简称"小震不坏"，俗称第一水准）；当遭受相当于本地区抗震设防烈度的设防地震影响时，可能发生损坏，但经一般性修理仍可继续使用（简称"中震可修"，俗称第二水准）；当遭受高于本地区抗震设防烈度预估的罕遇地震影响时，不致倒塌或发生危及生命的严重破坏（简称"大震不倒"，俗称第三水准）。使用功能或其他方面有专门要求的建筑，当采用抗震性能化设计时，具有更具体或更高的抗震设防目标。

（三）建筑抗震概念设计

由于地震作用的不确定性以及结构计算模式与实际情况存在差异，除进行地震作用的设计计算外，还应从抗震设计的基本原则出发，从结构的整体布置到关键部位的细节，把握主要的抗震概念进行设计，使计算分析结果更能反映实际情况。主要有如下若干方面。

1. 场地、地基和基础选择

抗震设计的场地（site），是指工程群体所在地，具有相似的地震反应特征。其范围相当于厂区、居民小区和自然村或不小于一平方公里的平面面积。

（1）场地的类别。

场地由场地土组成。根据岩土剪切波速 v_s 的大小，场地土分为岩石（指坚硬、较硬且完整的岩石，$v_s>800m/s$）、坚硬土或软质岩石（指破碎和较破碎的岩石或软和较软的岩石，密实的碎石，$800m/s \geqslant v_s >500m/s$）、中硬土（指中密、稍密的碎石土，密实、中密的砾、粗、中砂，$f_{ak}>150$ 的粘性土和粉土，坚硬黄土，$500m/s \geqslant v_s >250m/s$）、中软土（指稍密的砾、粗、中砂，除松散外的细、粉砂，$f_{ak} \leqslant 150$ 的粘性土和粉土，$f_{ak}>130$ 的填土，可塑新黄土，$250m/s \geqslant v_s >150m/s$）、软弱土（指淤泥和淤泥质土，松散的砂，新近沉积的粘性土和粉土，$v_s \leqslant 150m/s$）五种类型。其中，f_{ak} 为由载荷试验等方法得到的地基承载力特征值（kPa）。

对于丁类建筑及丙类建筑中层数不超过 10 层、高度不超过 24m 的多层建筑，当无实测剪切波速时，可根据岩土名称和性状确定土的类型，再利用当地经验估算各土层剪切波速。例：某 6 层丙类建筑、高度 21m，根据勘察报告其岩土性状为 $f_{ak} \leqslant 150$ 的粘性土，则可确定该土层为中软土，其土层剪切波速范围为 $250\text{m}/\text{s} \geq v_s > 150\text{m}/\text{s}$，再按当地经验取其中之均值 $200\text{m}/\text{s}$ 或偏下值如 $160\text{m}/\text{s}$。

（2）场地的选择。

建筑场地的类别，是根据场地岩土工程勘探确定的。场地岩土工程勘探，应根据实际需要划分成对建筑有利、不利和危险地段，提供建筑的场地类别和岩土地震稳定性（如滑坡、崩塌、液化和震陷特性等）评价，并按设计需要提供有关参数。

选择建筑场地时，应根据工程需要，掌握地震活动情况、工程地质和地震地质的有关资料，对抗震有利、不利和危险地段做出综合评价。对不利地段（指软弱土、液化土，条状突出的山嘴，高耸孤立的山丘，陡坡，陡坎，河岸和边坡的边缘，平面分布上成因、岩性、状态明显不均匀的土层如故河道、疏松的断层破碎带、暗埋的塘浜沟谷和半填半挖地基等，以及高含水量的可塑黄土、地表存在结构性裂缝等），应提出避开要求；无法避开时应采取有效的措施。对危险地段（地震时可能发生滑坡、崩塌、地陷、地裂、泥石流等及发震断裂带上可能发生地表位错的部位），严禁建造甲、乙类的建筑，不应建造丙类建筑。

（3）地基和基础选择。

在地基和基础设计时，同一结构单元的基础不宜设置在性质截然不同的地基上；同一结构单元不宜部分采用天然地基、部分采用桩基；对饱和砂土和饱和粉土（不含黄土）的地基，除 6 度防设外，应进行液化判别（土的液化是指地下水位以下的上述土层在地震作用下，土颗粒处于悬浮状态、土体抗剪强度为零从而造成地基失效的现象）；存在液化土层的地基，应采取消除或减轻液化影响的措施。当地基主要受力范围内为软弱粘性土层与湿陷性黄土时，应结合具体情况进行处理。山区建筑场地勘察应有边坡稳定性评价和防治方案建议，应根据地质、地形条件和使用要求，因地制宜设置符合抗震设防要求的边坡工程。边坡附近的建筑应进行抗震稳定性设计。建筑基础与土质、强风化岩质边坡的边缘应留有足够的距离，其值应根据抗震设防烈度的高低确定，并采取措施避免地震时地基基础破坏。

2. 结构的平面和立面布置

不应采用严重不规则的设计方案。建筑及其抗侧力结构的平面布置宜规则、对称，并具有良好的整体性；建筑的立面和竖向剖面宜规则，结构的侧向刚度宜均匀变化，避免其突变和承载力的突变。参见结构选型部分的介绍。

3. 结构体系的选择

结构体系应根据建筑的抗震设防类别、抗震设防烈度、建筑高度、场地条件、地基、结构材料和施工等因素，经技术、经济和使用条件综合比较确定。结构体系应符合下列要求：

(1) 应具有明确的计算简图和合理的地震作用传递途径；

(2) 应避免因部分结构或构件的破坏而导致整个结构丧失抗震能力或对重力荷载的承载能力；

(3) 应具备必要的抗震承载力、良好的变形能力和消耗地震能量的能力；

(4) 对可能出现的薄弱部位，应采取措施提高抗震能力。

此外，结构体系宜有多道抗震防线，在两个主轴方向的动力特性宜相近，刚度和承载力分布宜合理，避免局部削弱或突变造成过大的应力集中或塑性变形集中。

4. 抗震结构构件及其连接

抗震结构构件应尽量避免脆性破坏的发生，并应采取措施改善其变形能力。如砌体结构设钢筋混凝土圈梁和构造柱，钢筋混凝土结构构件应有合理截面尺寸，避免剪切破坏先于受弯破坏、锚固破坏先于构件破坏，等等。多、高层的混凝土楼、屋盖宜优先选用现浇混凝土板。

结构构件的连接应强于相应连接的构件，如节点破坏、预埋件的锚固破坏，均不应先于构件和连接件的破坏；装配式结构构件连接、支撑系统等应能保证结构整体性和稳定性。

5. 非结构构件

非结构构件包括建筑非结构构件如围护墙、隔墙、装饰贴面、幕墙等，也包括安装在建筑上的附属机械、电气设备系统等。总的要求是与主体结构构件有可靠的连接或锚固，避免不合理设置而导致主体结构的破坏。

6. 材料选择和施工

抗震结构对材料和施工质量的特别要求，应在设计文件中注明。

普通钢筋宜优先采用延性、韧性和焊接性较好的钢筋；其强度等级，纵向受力钢筋宜选用符合抗震性能指标的 HRB400 级热轧钢筋，也可采用符合抗震性能指标的 HRB335 级、HRB500 级热轧钢筋；箍筋宜选用符合抗震性能指标的 IIRB335 级、HRB400 级、HPB300 级热轧钢筋。当需要以强度等级较高钢筋代替原设计的纵向受力钢筋时，应按钢筋受拉承载力设计值相等原则换算，并应满足正常使用极限状态要求和抗震构造要求。

混凝土的强度等级、砌体材料强度等级均应满足有关的最低要求（详见有关章节），墙体尽量选择轻质材料，且混凝土结构的混凝土强度等级，抗震墙不宜超过 C60，其他构件 9 度时不宜超过 C60，8 度时不宜超过 C70。

如前所述，地震时释放的能量主要以地震波的形式向外传递，引起地面运动，使原来处于静止状态的建筑受到动力作用而产生振动。结构振动时的速度、加速度及位移等，称为结构的地震反应。在振动过程中作用于建筑结构上的惯性力就是地震作用（俗称地震荷载）。地震作用不同于一般的荷载，它是一种间接作用；地震作用不仅与地面运动的情况有关，而且与结构本身的动力特性（如结构自振周期、阻尼等）有关。

地面运动有 6 个分量（2 个水平分量、1 个竖向分量、3 个扭转分量），因此地震作用可分为水平地震作用、竖向地震作用和扭转作用。水平地震作用对结构的影响最大，一般情况下，应对 7~9 度区的建筑结构进行水平地震作用计算和抗震验算（计算可对建筑结构的两个主轴方向分别进行，各方向的水平地震作用由该方向抗侧力构件承担）；对质量和刚度分布明显不对称的结构，尚应计入扭转影响；对 8、9 度时的大跨度和长悬臂结构及 9 度时的高层建筑，则应计算竖向地震作用。

第二节　多层砌体结构房屋的抗震设计

由于砌体结构材料的脆性性质，其抗剪、抗拉及抗弯强度都低，砌体房屋的抗震能力较差。在水平地震的反复作用下，多层砌体房屋的主要震害有：窗间墙出现交叉斜裂缝；墙体转角处破坏；内外墙体连接处易被拉开造成纵墙或山墙外闪、倒塌；预制楼板由于支承长度不足或无可靠拉结而塌落；突出屋面的屋顶间、女儿墙、烟囱等的倒塌；楼梯间破坏，等等。其抗震设计的关键是提高墙体的抗剪承载力，进行砌体结构抗震抗剪承载力验算；采取适当构造措施加强结构整体性、改善结构的变形能力。

一、一般规定

针对砌体结构的震害情形，加强房屋的整体性和空间刚度、提高墙体的抗震受剪承载力，加强构件的相互连接，是砌体结构抗震设计的重要内容。在具体设计时，应遵循以下各项规定。

（一）限制房屋的层数和总高度

房屋的层数愈多、高度愈大，地震作用愈大、震害就愈严重。因此，限制房屋的层数和总高度，是一项既经济又有效的抗震措施。

对采用蒸压灰砂砖和蒸压粉煤灰砖砌体的房屋，当砌体的抗剪强度仅达到普通粘土砖砌体的 70% 时，房屋的层数应比普通砖房屋减少一层，高度应减少 3m。当砌体的抗剪强度达到普通粘土砖砌体的取值时，房屋层数和总高度要求同普通砖房屋。

（二）限制房屋最大高宽比

限制房屋的高宽比，是为了保证房屋的刚度和房屋整体的抗弯承载力。房屋总高度与总宽度的最大比值。

（三）对横墙间距的要求

限制抗震横墙的间距，目的是保证楼盖传递水平地震作用所需的刚度。房屋抗震横墙的间距。

（四）多层砌体房屋的结构体系

多层砌体房屋的结构体系，应符合下列要求：

（1）应优先采用横墙承重或纵横墙共同承重的结构体系。不应采用砌体墙和混凝土墙混合承重的结构体系。

（2）纵横向砌体抗震墙的布置应符合下列要求：①宜均匀对称，沿平面内宜对齐，沿竖向应上下连续；且纵横向墙体的数量不宜相差过大；②平面轮廓凹凸尺寸，不应超过典型尺寸的50%；当超过典型尺寸的25%时，房屋转角处应采取加强措施；③楼板局部大洞口的尺寸不宜超过楼板宽度的30%，且不应在墙体两侧同时开洞；④房屋错层的楼板高差超过500mm时，应按两层计算；错层部位的墙体应采取加强措施；⑤同一轴线上的窗间墙宽度宜均匀；墙面洞口的面积，6、7度时不宜大于墙面总面积的55%，8、9度时不宜大于50%；⑥在房屋宽度方向的中部应设置内纵墙，其累计长度不宜小于房屋总长度的60%（高宽比大于4的墙段不计入）。

（3）房屋有下列情况之一时宜设置防震缝，缝两侧均应设置墙体，缝宽应根据烈度和房屋高度确定，可采用70~100mm：①房屋立面高差在6m以上；②房屋有错层，且楼板高差大于层高的1/4；③各部分结构刚度、质量截然不同。

（4）楼梯间不宜设置在房屋的尽端或转角处。不应在房屋转角处设置转角窗。

（5）横墙较少、跨度较大的房屋，宜采用现浇钢筋混凝土楼板、屋盖。

（五）底部框架-抗震墙房屋

对底部框架抗震墙、上部为砌体结构房屋的结构布置，应符合以下要求：

（1）上部的砌体墙体与底部的框架梁或抗震墙，除楼梯间附近的个别墙段外均应对齐。

（2）房屋的底部，应沿纵横两方向设置一定数量的抗震墙，并应均匀对称布置。6度且总层数不超过四层的底层框架-抗震墙房屋，应允许采用嵌砌于框架之间的约束砖砌体或小砌块砌体的砌体抗震墙，但应计入砌体墙对框架的附加轴力和附加剪力并进行底层的抗震验算，且同一方向不应同时采用钢筋混凝土抗震墙和约束砌体抗震墙；其余情况，8度时应采用钢筋混凝土抗震墙，6、7度时应采用钢筋混凝土抗震墙或配筋小砌块砌体抗震墙。

（3）底层框架-抗震墙房屋的纵横两个方向，第二层计入构造柱影响的侧向刚度与底层侧向刚度的比值，6、7度时不应大于 2.5，8 度时不应大于 2.0，且均不应小于 1.0。

（4）底部两层框架-抗震墙房屋纵横两个方向，底层与底部第二层侧向刚度应接近，第三层计入构造柱影响的侧向刚度与底部第二层侧向刚度的比值，6、7度时不应大于 2.0，8 度时不应大于 1.5，且均不应小于 1.0。

（5）底部框架-抗震墙砌体房屋的抗震墙应设置条形基础、筏式基础等整体性好的基础。

对于多层多排柱内框架房屋，由于钢筋混凝土框架与砌体墙的动力特性有很大差异，遭遇地震时极易发生破坏，故该类房屋已从抗震设计中取消。

二、多层粘土砖房的抗震构造措施

（一）现浇钢筋混凝土构造柱的设置

现浇钢筋混凝土构造柱（以下简称构造柱）的设置可以增加砌体结构房屋的延性，提高房屋的抗侧移能力和抗剪承载力，防止或延缓房屋的倒塌。

1. 构造柱的设置部位

（1）一般情况。

（2）特殊房屋的设置。

1）外廊式和单面走廊式的多层房屋，应根据房屋增加一层后的层数，且单面走廊两侧的纵墙均应按外墙处理。

2）教学楼、医院等横墙较少的房屋，应按房屋增加一层后的层数；上述房屋为外廊式或单面走廊式时，尚应按1）的要求设构造柱，且6度不超过四层、7度不超过三层和8度不超过二层时，应按增加二层后的层数对待。

3）对各层横墙很少的房屋，应按增加二层的层数设置构造柱。

4）采用蒸压灰砂砖和蒸压粉煤灰砖的砌体房屋，当砌体的抗剪强度仅达到普通粘土砖砌体的 70%时，应按增加一层的层数按 1）、3） 款要求设置构造柱；但 6 度不超过四层、7 度不超过三层和 8 度不超过二层时，应按增加二层的层数对待。

2. 构造柱做法

（1）截面尺寸及配筋。最小截面尺寸可采用 240mm×180mm，纵向钢筋宜采用 4-12，箍筋间距不宜大于 250mm，且在柱上、下端宜适当加密；房屋四角的构造柱可适当加大截面及配筋；对 7 度时超过六层、8 度时超过五层及 9 度时，构造柱纵向钢筋宜采用 4-14，箍筋间距不应大于 200mm。

（2）与墙体连接。

构造柱与墙连接处应砌成马牙槎，沿墙高每隔 500mm 设 2-6 水平钢筋和 4 分布短筋平面内点焊组成的拉结网片或 4 点焊钢筋网片，每边伸入墙内不宜小于 1m。6、7 度时底部 1/3 楼层，8 度时底部 1/2 楼层，9 度时全部楼层，上述拉结钢筋网片应沿墙体水平通长设置。施工时，应先绑扎构造柱钢筋、再砌墙（同时设置拉结钢筋），最后浇筑混凝土。

（3）与圈梁连接。

构造柱与圈梁连接处，构造柱的纵筋应在圈梁纵筋内侧穿过，保证构造柱纵筋上下贯通。

（4）构造柱基础。

构造柱可不单独设置基础，但应伸入室外地面下 500mm，或与埋深小于 500mm 的基础圈梁相连。

（5）构造柱间距。

当房屋高度和层数接近规定限值时，纵、横墙内构造柱间距尚应符合下述要求：横墙内的构造柱间距不宜大于层高的 2 倍，下部 1/3 楼层的构造柱间距适当减小；当外纵墙开间大于 3.9m 时，应另设加强措施，内纵墙的构造柱间距不宜大于 4.2m。

（二）现浇钢筋混凝土圈梁的设置

钢筋混凝土圈梁对加强墙体连接、提高楼盖及屋盖刚度、抵抗地基不均匀沉降、保证房屋整体性和提高房屋抗震能力都有很大作用。

1. 设置部位

装配式钢筋混凝土楼盖、屋盖或木屋盖的砖房，应按要求设置圈梁；纵墙承重时，抗震横墙上的圈梁间距应比表内要求适当加密。

现浇或装配整体式钢筋混凝土楼屋盖与墙体有可靠连接的房屋，允许不另设圈梁，但楼板沿墙体周边应加强配筋并应与相应构造柱钢筋可靠连接。

2. 圈梁截面和配筋

圈梁截面高度不应小于 120mm；基础圈梁高度不应小于 180mm。圈梁的纵向钢筋不应少于 4φ10（6，7 度时）、4φ12（8 度时）和 4φ14（9 度时）；基础圈梁纵向钢筋不应小于 4φ12。最大箍筋间距分别为 250mm（6，7 度时）、200mm（8 度）和 150mm（9 度）。

3. 圈梁的其他构造

圈梁宜与预制板设在同一标高处或紧靠板底；在要求布置圈梁的位置无横墙时，应利用梁或板缝中配筋替代圈梁；圈梁应闭合，遇洞口被打断时，应在洞口处进行搭接（同非抗震做法）。

（三）对楼、屋盖的要求

1. 楼板的支承长度和拉结

装配式钢筋混凝土楼板或屋面板，当圈梁未设在板的同一标高时（即设在板底时），板端伸入外墙的长度不应小于 120mm，伸入内墙长度不应小于 100mm，在梁上不应小于 80mm；现浇钢筋混凝土楼板或屋面板伸进纵、横墙内长度均不应小于 120mm。当板的跨度大于 4.8m 并与外墙平行时，靠外墙的预制板侧边应与墙或圈梁拉结；房屋端部大房间的楼盖，6 度时房屋的屋盖和 7~9 度时房屋的楼、屋盖，当圈梁设在板底时，钢筋混凝土预制板应相互拉结，并应与梁、墙或圈梁拉结。

2. 梁或屋架的连接

楼盖和屋盖处的钢筋混凝土梁或屋架，应与墙、柱、构造柱或圈梁等可靠连接；不得采用独、立砖柱。跨度不小于 6m、大梁的支承构件应采用组合砌体等加强措施，并满足承载力要求。

（四）墙体拉结钢筋

6、7 度时长度大于 7.2m 的大房间，以及 8、9 度时外墙转角及内外墙交接处，应沿墙高每隔 500mm 配置 2φ6 的通长钢筋和 φ4 分布短筋平面内点焊组成的拉结网片或点焊网片。

（五）对楼梯间的要求

突出屋顶的楼、电梯间，构造柱应伸到顶部，并与顶部圈梁连接，所有墙体应沿墙高每隔 500mm 设 2φ6 通长钢筋和 φ4 分布短筋平面内点焊组成的拉结网片或 φ4 点焊网片。顶层楼梯间墙体应沿墙高每隔 500mm 设 2φ6 通长钢筋和 φ4 分布短钢筋平面内点焊组成的拉结网片；7~9 度时其他各层楼梯间墙体应在休息平台或楼层半高处设置 60mm 厚、纵向钢筋不应少于 2φ10 的钢筋混凝土带或配筋砖带，配筋砖带不少于 3 皮，每皮的配筋不少于 2φ6，砂浆强度等级不应低于 M7.5 且不低于同层墙体的砂浆强度等级。

楼梯间及门厅内墙阳角处的大梁支承长度不应小于 500mm，并应与圈梁连接。装配式楼梯段应与平台板的梁可靠连接，8 度和 9 度时不应采用装配式楼梯段；不应采用墙中悬挑式踏步或踏步竖肋插入墙体的楼梯，不应采用无筋砖砌栏板。

（六）其他构造

1. 过梁

门窗洞口处不应采用无筋砖过梁；过梁支承长度不应小于 240mm（6~8 度时）或 360mm（9 度时）。

2. 基础

同一结构单元的基础宜采用同一类型，底面宜埋置在同一标高上（否则应增设基础圈梁并应按 1∶2 台阶逐步放坡）。

3. 后砌非承重隔墙

后砌的非承重隔墙应沿墙高每隔 500mm 配置 2φ6 拉结钢筋与承重墙或柱拉结，每边伸入墙内不应少于 500mm；8 度和 9 度时，长度大于 5m 的后砌隔墙，墙顶尚应与楼板或梁拉结。

4. 墙体间距和尺寸的限制

（1）对横墙间距的要求。限制抗震横墙的间距，目的是保证楼盖传递水平地震作用所需的刚度。房屋抗震横墙的间距，不应超过表 1-3 的规定。

（2）对房屋局部尺寸的限制砌体。房屋的窗间墙、外墙尽端、女儿墙等，是房屋的薄弱环节，容易发生震害。这些墙段的尺寸不应太小。

5. 横墙较少的丙类多层砖房

丙类的多层砖砌体房屋，当横墙较少且总高度和层数接近或达到规定限值时，应采取下列加强措施：

（1）房屋的最大开间尺寸不宜大于 6.6m；

（2）横墙和内纵墙上洞口宽度不宜大于 1.5m，外纵墙上洞口宽不宜大于 2.1m 或开间尺寸的一半；内外墙上的洞口位置不应影响内外纵墙与横墙的整体连接；

（3）同一结构单元内横墙错位数量不超过横墙总数的 1/3，且连续错位不宜多于两道；错位的墙体交接处均应增设构造柱，且楼、屋面板均应采用现浇钢筋混凝土板；

（4）所有纵横墙均应在楼、屋盖标高处设置加强的现浇钢筋混凝土圈梁（截面高不小于 150mm，上下纵筋各不少于 $3\varphi10$，箍筋直径不小于 $\varphi6$，间距不大于 250mm）；

（5）所有纵横墙交接处及横墙的中部，均应增设满足下列要求的构造柱：在纵、横墙内的柱距不宜大于 3.0m，最小截面尺寸不宜小于 240mm×240mm（墙厚 190mm 时为 240mm×190mm）。

（6）房屋底层和顶层的窗台标高处，宜设置沿纵横墙通长的水平现浇钢筋混凝土带，其截面高度不小于 60mm，宽度不小于 240mm，纵向钢筋不小于 $3\varphi6$。

（7）同一结构单元的楼、屋面板应设置在同一标高处。其他砌体房屋抗震构造措施类似。

多层砌体结构房屋在水平地震作用下，由于墙体材料的脆性性质和结构整体性不强，易发生墙体的剪切破坏及其他形式的破坏。砌体抗震设计的关键是保证墙体的抗震抗剪承载力，采取适当的构造措施加强结构整体性，改善其变形能力。

对多层砌体房屋、底部为框架（抗震墙）上部为砌体结构的房屋以及内框架砖房，均应注意结构的平面布置和立面布置，使之符合"规则结构"的要求。

多层砌体房屋的主要抗震构造措施是设置现浇钢筋混凝土构造柱和现浇钢筋混凝土圈梁、加强墙体在转折处的连接等。构造柱和圈梁均应按规范规定的要求设置。此外，加强楼（屋）盖的整体性、加强楼梯间的抗震性能，都是在抗震设计中值得注意的问题。

第三节　多层钢筋混凝土框架的抗震设计

多层钢筋混凝土框架广泛用于民用建筑和部分多层工业厂房中。未经抗震设计的钢筋混凝土框架结构遭遇地震作用时，其震害主要表现为：柱顶纵筋压屈、混凝土压碎，柱出现斜裂缝或交叉的斜裂缝，柱底出现水平裂缝，柱顶的震害比柱底严重；短柱（柱净高 $H_n/b \leqslant 4$）易发生剪切破坏，角柱的震害比其他部位的柱严重；梁端可能出现交叉斜裂缝和贯通的垂直裂缝；节点可能发生剪切破坏，梁的纵向钢筋因为锚固长度不够而从节点内拔出；框架填充墙出现交叉斜裂缝甚至倒塌，下层填充墙的震害一般比上部各层严重。因此，建造在抗震设防区的框架结构，应按规定进行抗震设计。

一、框架抗震设计的一般规定

钢筋混凝土框架的主要缺点是，随着房屋高度和层数的增加，在水平地震作用下的侧向刚度将难以满足要求。因此钢筋混凝土框架适用的最大高度受到限制，这已在本书的结构选型中有所阐述。此外，还应满足如下规定要求。

（一）结构抗震等级

钢筋混凝土房屋应根据烈度、房屋高度和结构类型，采用不同的抗震等级。抗震等级分为一、二、三、四共4级。

裙房与主楼相连时，除应按裙房本身确定抗震等级外，尚不应低于主楼的抗震等级；主楼结构在裙房顶层及相邻上下各一层应适当加强抗震构造措施。裙房与主楼分离时，按裙房本身确定抗震等级。

当地下室顶板作为上部结构的嵌固部位时，地下一层的抗震等级应与上部结构相同，地下一层以下则可根据具体情况采用三级或更低抗震等级。

（二）防震缝设置

钢筋混凝土框架结构应避免采用不规则的建筑结构方案，不设防震缝。当需要设置防震缝时，框架结构房屋的防震缝宽度与高度有关。当高度不超过15m时，不应小于100mm；高度超过15m时，6度、7度、8度和9度相应每增加高度5m、4m、3m和2m，宜加宽20mm。防震缝两侧结构类型不同时，宜按需要较宽防震缝的结构类型和较低房屋高度确定缝宽。对于8、9度框架结构房屋，当防震缝两侧结构层高相差较大时，防震缝两侧框架柱的箍筋应沿房屋全高加密，并可根据需要在缝两侧沿房屋全高各设置不少于两道垂直于防震缝的抗撞墙。抗撞墙的布置宜对称以避免加大扭转效应，其长度可不大于1/2层高，抗震等级可同框架结构（框架构件的内力应按设置和不设置抗撞墙两种计算模型的不利情况取值）。

（三）结构布置原则

框架结构的平面布置和沿高度方向的布置原则应符合"规则结构"的规定。框架应双向设置，梁中线与柱中线之间的偏心距不宜大于柱宽的1/4。不要采用单跨框架结构。发生强烈地震时，楼梯是重要的紧急逃生竖向通道，楼梯的破坏会延误人员撤离及救援工作，从而造成严重伤亡。对于框架结构，宜采用现浇钢筋混凝土楼梯。楼梯间的布置不应导致结构平面特别不规则；楼梯构件与主体结构整浇时，应计入楼梯构件对地震作用及其效应的影响，应进行楼梯构件的抗震承载力验算；宜采取构造措施（如：休息板的横梁和楼梯边梁不宜直接支承在框架柱上，支承楼梯的框架柱应考虑休息板的约束和可能引起的短柱），减小楼梯构件对主体结构刚度的影响。楼梯间两侧填充墙与柱之间应加强拉结。

框架单独柱基有下列情况之一时，宜沿两个主轴方向设置基础系梁：①一级框架和Ⅳ类场地的二级框架；②各柱基承受的重力荷载代表值差别较大；③基础埋置较深或埋深差别较大；④桩基承台之间；⑤地基主要受力层范围内有液化土层、软弱粘性土层和严重不均匀土层。

框架结构中的填充墙在平面和竖向的布置宜均匀对称，以避免形成薄弱层或短柱。砌体的砂浆强度等级不应低于 M5；实心块体的强度等级不宜低于 Mu2.5，空心块体的强度等级不宜低于 Mu3.5；墙顶应与框架梁密切结合；填充墙应沿框架柱全高每隔 500mm600mm 设 2φ6 拉筋，拉筋伸入墙内的长度，6、7 度时宜沿墙全长贯通，8、9 度时应全长贯通。墙长大于 5m 时，墙顶与梁宜有拉结；墙长超过 8m 或层高 2 倍时，宜设置钢筋混凝土构造柱；墙高超过 4m 时，墙体半高宜设置与柱连接且沿墙全长贯通的钢筋混凝土水平系梁。楼梯间和人流通道的填充墙，尚应采用钢丝网砂浆面层加强。

（四）截面尺寸选择

1. 梁的截面尺寸

梁的截面宽度不宜小于 200mm，截面高宽比不宜大于 4，净跨与截面高度之比不宜小于 4。

2. 柱的截面尺寸

柱的截面的宽度和高度，四级或不超过 2 层时，不宜小于 300mm；一、二、三级且超过 2 层时，不宜小于 400mm；圆柱的直径，四级或不超过 2 层时，不宜小于 350mm，一、二、三级且层数超过 2 层时，不宜小于 450mm。剪跨比宜大于 2。截面长边与短边的边长比不宜大于 3。在选择柱截面尺寸时，应使柱的轴压比不超过如下数值，以保证柱的变形能力：抗震等级一级时，不超过 0.65；抗震等级二级时，不超过 0.75；抗震等级三级时，不超过 0.85；抗震等级为四级时，不超过 0.90。上述数值适用于剪跨比大于 2、混凝土强度等级不高于 C60 的柱；剪跨比不大于 2 的柱轴压比限值，应降低 0.05；剪跨比小于 1.5 的柱，轴压比限值应专门研究并采取特殊构造措施；当混凝土强度等级为 C65～C70 时，轴压比限值宜按上述数值减小 0.05；混凝土强度等级为 C75～C80 时，轴压比限值宜按上述数值减小 0.10。轴压比是指柱组合的轴压力设计值 N 与柱的全截面面积 A 和混凝土轴心抗压强度设计值 f_c 乘积的比值 $N/(f_c^A)$，是保证抗震框架柱变形能力的重要构造措施。

二、框架截面的抗震设计

钢筋混凝土框架结构的截面抗震设计，是在进行地震作用计算、荷载效应（内力）计算、荷载效应基本组合后进行的。由于抗震设计一般是在进行非抗震设计、确定截面配筋后进行的，因而往往以验算的形式出现。

（一）抗震框架设计的一般原则

根据框架结构的震害情形以及大震作用下对框架延性的要求，抗震框架设计时应遵循以下基本原则。

1. 强柱弱梁原则

塑性铰首先在框架梁端出现，避免在框架柱上首先出现塑性铰。也即要求梁端受拉钢筋的屈服先于柱端受拉钢筋的屈服。

2. 强剪弱弯原则

剪切破坏都是脆性破坏，而配筋适当的弯曲破坏是延性破坏；要保证塑性铰的转动能力，应当防止剪切破坏的发生。因此在设计框架结构构件时，构件的抗剪承载力应高于该构件的抗弯承载能力。

3. 强节点、强锚固原则

节点是框架梁、柱的公共部分，受力复杂，一旦发生破坏则难以修复。因此在抗震设计时，即使节点的相邻构件发生破坏，节点也应处于正常使用状态。框架梁柱的整体连接，是通过纵向受力钢筋在节点的锚固实现的，因此抗震设计的纵向受力钢筋的锚固应强于非抗震设计的锚固要求。

（二）地震作用计算

多层框架结构在一般情况下应沿两个主轴方向分别考虑水平地震作用，各方向的水平地震作用应全部由该方向的抗侧力构件承担。

对高度不超过40m、以剪切变形为主的框架结构，水平地震作用标准值的计算可采用底部剪力法。

（三）框架在水平地震作用下的内力和侧移

在水平地震作用下，可采用 D 值法计算框架内力和侧移。在求标准反弯点高度比 γ_0 时，应当查倒三角形节点荷载的表格。

根据 D 值的定义，利用 D 值法求得水平地震作用在框架各层产生的层间剪力标准值，即可求出框架的相对层间侧移，此时框架的整体刚度宜在弹性刚度基础上乘以小于 1 的修正系数。

（四）荷载效应基本组合

需进行抗震设防的框架结构，除已于第十三章所述的非抗震设计的荷载效应基本组合外，还应考虑地震作用效应和其他荷载效应的基本组合。

重力荷载代表值的效应可利用分层法或弯矩分配法计算，不必考虑活荷载的最不利布置。由于内力计算是采用弹性分析方法，故若能找到重力荷载代表值和恒荷载的比例关系，则可利用恒荷载作用下的框架内力结果乘以该比例的比值。

三、建筑结构的隔震设计

隔震设计是指在房屋底部设置由橡胶隔震支座和阻尼器等部件组成的隔震层，从而延长整个结构体系的自振周期、增大阻尼，减少输入到上部结构的地震能量，以达到预期防震的效果。

（一）隔震设计原理

在建筑物的基础与上部结构之间设置由橡胶和薄钢板相间叠层组成的橡胶隔震支座，把房屋与基础隔离，从而减少或避免地震能量向上部结构的传输，使上部结构的地震反应大大减小，使建筑物在地震作用下不致损坏或倒塌。

（二）隔震设计的适用范围和要求

按照积极稳妥推广的方针，隔震技术首先应用于在使用上有特殊要求和抗震设防烈度为 8 度、9 度地区的多层砌体、钢筋混凝土框架和抗震墙房屋中。隔震技术对低层和多层建筑比较合适。

采用隔震技术设计时，应符合下列各项要求：

（1）结构体型基本规则；

（2）建筑场地宜为 I 类、II 类、III 类，并应选用稳定性较好的基础类型；

（3）风荷载和其他非地震作用的水平荷载标准值产生的总水平力不宜超过结构总重力的 10%。

（三）隔震结构的构造措施

1. 隔震层以上结构的隔震措施

（1）隔震层以上结构应采取不阻碍隔震层在罕遇地震下发生大变形的下列措施：①上

部结构的周边应设置防震缝，缝宽不宜小于各隔震支座在罕遇地震下的最大水平位移的 1.2 倍；②上部结构（包括与其相连的任何构件）与地面（包括地下室和与其相连的构件）之间，应设置明确的水平隔离缝；当设置水平隔离缝确有困难时，应设置可靠的水平滑移垫层；③在走廊、楼梯、电梯等部位，应无任何障碍物。

（2）丙类建筑在隔震层以上的结构，当水平向减震系数为 0.75 时，不应降低非隔震时的有关要求；水平向减震系数不大于 0.5 时，可适当降低对非隔震建筑的要求，但与抵抗竖向地震作用有关的抗震措施不应降低。对钢筋混凝土结构，柱和墙肢的轴压比控制仍按非隔震的有关规定采用。

2. 隔震层与上部结构的连接

（1）隔震层顶部。

隔震层顶部应设置梁板式楼盖，且应符合下列要求：①应采用现浇或装配整体式钢筋混凝土梁板，现浇板厚度不宜小于 140mm；配筋现浇面层厚度不应小于 50mm；隔震支座上方的纵、横梁应采用现浇钢筋混凝土结构；②隔震层顶部梁板的刚度和承载力，宜大于一般楼面梁板的刚度和承载力；③隔震支座附近的梁、柱，应进行抗冲切计算和局部受压验算，箍筋应加密，并根据需要配置网状钢筋。

（2）和阻尼器的连接。

隔震支座和阻尼器的连接应符合下列要求：①隔震支座和阻尼器应安装在便于维护人员接近的部位；②隔震支座与上部结构、隔震支座与基础结构之间的连接件，应能传递罕遇地震下支座的最大水平剪力；③抗震墙下的隔震支座间距不宜大于 2m；④外露的预埋件应有可靠的防锈措施，预埋件的锚固钢筋应与钢板牢固连接，锚固钢筋的锚固长度宜大于 20d（d 为锚固钢筋的直径）且不应小于 250mm。

3. 隔震层以下的结构

隔震层以下的结构（包括地下室）的地震作用和抗震验算，应采用罕遇地震下隔震支座底部的竖向力、水平力和力矩进行计算。

隔震建筑地基基础的抗震验算和地基处理仍应按本地区抗震设防烈度进行，甲类、乙类建筑的抗液化措施应按提高一个液化等级确定，直至全部消除液化沉陷。

四、房屋的消能减震设计

消能减震设计是在房屋结构中设置消能装置，通过消能装置的局部变形提供附加阻尼，以消耗输入到上部结构的地震能量，达到预期防震要求的设计方法。

（一）结构的消能减震设计原理

结构的消能减震技术是在结构物某些部位（如支撑、节点、剪力墙、连接缝或连接件、楼层空间、相邻建筑间、主附结构间等）设置消能装置，通过该装置增加结构阻尼来控制预期的结构变形，从而使主体结构构件在罕遇地震下不发生严重破坏。

消能减震设计需要解决的主要问题是：消能器和消能部件的选型，消能部件在结构中的分布和数量，消能器附加给结构的阻尼比的估算，消能减震体系在罕遇地震下的位移计算，消能部件与主体结构的连接构造及其附加的作用等等。

消能减震房屋最基本的特点是：①消能装置可同时减小结构的水平和竖向地震作用，适用范围较广，结构类型和高度均不受限制；②消能装置应使结构具有足够的附加阻尼，以满足罕遇地震下预期的结构位移要求；③消能装置不改变结构的基本形式，故除消能部件和相关部件外的结构设计，仍可按相应结构类型的要求执行。这样，消能减震房屋的抗震构造与普通房屋相比不提高，但其抗震安全性可以有明显改善。

（二）消能减震装置的类型

消能减震设计时，应根据罕遇地震下预期结构位移的控制要求，设置适当的消能部件。消能部件可由消能器及斜撑、墙体、梁或节点等支承构件组成。

消能器的类型很多，以下介绍几种主要类型。

1. 摩擦消能器

摩擦消能器是根据摩擦做功而耗散能量的原理设计的。目前已有多种不同构造的摩擦消能器，例如 Pal 型摩擦消能器、摩擦筒制震器、限位摩擦消能器、摩擦滑动螺栓节点及摩擦剪切铰消能器等。机构带有摩擦制动板，机构的滑移受板间摩擦力控制，而摩擦力取决于板间的挤压力，可以通过松紧节点板的高强螺栓来调节。该装置按正常使用荷载及小震作用下不发生滑动来设计；而在强烈地震作用下，其主要构件尚未发生屈服，装置即产生滑移以摩擦功耗散地震能量，并改变结构的自振频率，从而使结构在强震中改变动力特性，达到减震的目的。摩擦消能器一般安装在支撑上形成摩擦消能支撑。

2. 钢弹塑性消能器

软钢具有较好的屈服后性能，利用其进入弹塑性范围后的良好滞回特性，目前已研究开发了多种消能装置，如加劲阻尼（ADAS）装置、锥形钢消能器、圆环（或方框）钢消能器、双环钢消能器、加劲圆环消能器、低屈服点钢消能器等。

加劲阻尼装置是由数块相互平行的 X 形或三角形钢板通过定位器组装而成的消能减震

装置。它一般安装在人字形支撑顶部和框架梁之间。在地震作用下，框架层间相对变形引起顶部相对于底部的水平运动，使钢板弯曲屈服，利用弹塑性变形耗散地震能量。

3. 铅消能器

铅是一种结晶金属，具有密度大、熔点低、塑性好、强度低等特点。发生塑性变形时晶格被拉长或错动，一部分能量将转换成热量，另一部分能量为促使再结晶而消耗，使铅的组织和性能回复到变形前的状态。铅的动态回复与再结晶过程在常温下进行，耗时短且无疲劳现象，因此具有稳定的消能能力。当中心轴相对钢管运动时，铅被挤压，并通过中心轴与管壁间形成的挤压口而产生塑性挤压变形，从而耗散能量。

4. 粘弹性阻尼器

粘弹性阻尼器是由粘弹性材料和约束钢板所组成。典型的粘弹性阻尼器，它由两个 T 形约束钢板夹一块矩形钢板所组成，T 形约束钢板与中间钢板之间夹有一层粘弹性材料，在反复轴向力作用下，约束 T 形钢板与中间钢板产生相对运动，使粘弹性材料产生往复剪切滞回变形，以吸收和耗散能量。

（三）消能部件的设置

消能部件可根据需要沿结构的两个主轴方向分别设置。一般宜设置在层间变形较大的位置，其数量和分布应通过综合分析合理确定，并有利于提高整个结构的消能减震能力，形成均匀合理的受力体系。

消能器和连接构件应具有良好的耐久性能和较好的易维护性。

消能器与斜撑、墙体、梁或节点等支承构件的连接，应符合钢构件连接或钢与钢筋混凝土构件连接的构造要求，并能承担消能器施加给连接节点的最大作用力。与消能器连接的结构构件，应计入消能部件传递的附加内力，并将其传递到基础。

隔震和消能减震是建筑结构减轻地震灾害的新技术。隔震一般可使结构的水平地震加速度反应降低 60% 左右，从而消除或有效地减轻结构和非结构的地震损坏，提高建筑物及其内部设施和人员的地震安全性，增加了震后建筑物继续使用的功能。

采用消能减震方案，通过消能器增加结构阻尼，对减小结构水平和竖向的地震反应是有效的。

隔震技术对低层和多层建筑比较合适。消能装置的适用范围较广，不受结构类型和高度的限制。隔震技术和消能减震技术的主要使用范围，是可增加投资来提高抗震安全的建筑，除了重要机关、医院等地震时不能中断使用的建筑外，一般建筑经方案比较和论证后也可采用。总之，适应我国经济发展的需要，有条件地利用隔震和消能减震来减轻建筑结构的地震灾害是完全可能的。

第五章 钢筋混凝土结构和地基设计及优化

第一节 钢筋混凝土梁板结构

一、概述

当梁板结构构件由于挠度偏大，裂缝宽度过宽、过长，钢筋严重锈蚀，受压区砼压碎等情况时，需要加固。而引起这些问题的条件有以下几种。

（一）设计、施工方面的原因

由于设计时荷载未考虑周全，计算模型、计算简图有误，计算公式运用不符合应用该公式的条件，尤其是现在应用计算机计算时，数据输入有误等，施工时砼强度达不到设计要求，负筋放错位置或在施工时被踩下，砼截面尺寸偏小，尤其是板的厚度达不到要求，钢筋少配或误配，材料使用不当等均可引起结构不满足使用条件。

（二）严重超载或使用功能改变

当结构由于不当使用造成严重超载时，容易造成结构的承载力不足，而使用功能的改变是指工业厂房由于技术改造、生产工艺改变，民用建筑由于用途的改变，如阳台要改为厨房等。

（三）周围环境影响

在外部环境及使用条件下，结构材料时刻都受外部环境的侵蚀，致使材料性能恶化，达不到设计要求，这种侵蚀可分为三类：化学作用，如冶炼、化工等工厂的酸、碱或气体对钢筋砼或钢结构的侵蚀；物理作用，如高温、高湿、冻融循环、昼夜温差的变化使结构产生裂缝等。

（四）地基的不均匀沉降

由于地基的不均匀沉降，引起结构承载力不足，出现裂缝等。

二、钢筋混凝土结构加固的原则

（一）结构体系的总体效应

要对结构整体进行分析，不应只对单个构件进行分析，因为加固时改变了本构件的刚度，引起内力分配有变化，故应作为一个整体分析。

（二）先鉴定后加固

对于比较复杂的结构，需要借助于仪器进行测试和测量，简单结构可以凭借目测和经验来确定结构的损坏程度。

（三）材料的选用

钢材宜选用二、三级钢，水泥要 425 号以上，砼强度比原结构砼高一个等级。

（四）尽量利用及优化原则

应尽量利用原结构本身仍具有的承载力，减少新加部份承担的内力和拆除原构件的工作量，同时选用技术上先进、经济合理、施工方便的加固方案。

三、钢筋混凝土结构加固的方法

钢筋混凝土结构加固方法有：预应力加固法、改变受力体系法、增大截面法、增补受拉钢筋（型钢）加固法、粘贴钢板加固法。

（一）预应力加固法

由于施加了预应力而产生负弯矩，抵消了一部份荷载弯矩，使梁板弯矩减小、裂缝部份或完全闭合。施加预应力的方法有千斤顶张拉法、横向收紧法、竖向张拉法。预应力筋的锚固方法有 U 型钢板锚固、高强螺栓摩擦锚固、焊接粘结锚固、将钢筋直接焊接在原钢筋应力较小区段并用环氧砂浆粘结、利用原预埋件锚固等。此法对于裂缝过大而承载力足够的构件较为有效。

（二）改变受力体系法

是将原结构的受力体系改变，如增设支点等，从而大幅减小体系的内力。多用于构件承载力足够而刚度不足即挠度太大的情况。

（三）粘贴钢板加固法

是指用高强结构胶把钢板直接粘贴在构件外部,，从而使钢板参与原构件受力的一种加固方法，占用空间小、几乎不增加截面尺寸和重量、不影响使用净空，也不改变结构的外形，是一种结构加固的发展方向。

（四）增大截面法

是指在构件的上面或下面浇一层新砼或补加相应的钢筋，以提高构件的承载力，此方法较直观，在受腐蚀性较大的厂房结构中应用较多。在构件的受压区补浇砼时，可以有效地增加构件的有效高度，从而提高构件的抗弯、抗剪承载力，增大构件的刚度；在受拉区补浇砼，可对补浇的钢筋起到粘结和保护作用。

四、增大截面加固法受力分析

（一）补浇砼与原砼独立工作

由于后浇层与原构件之间结合面未能很好地处理，新旧砼粘结强度不够，此时，构件受力后，不能保证其变形符合受弯平截面假定，而只能将新旧砼视为各自独立工作考虑，承担的弯矩按新旧砼截面刚度进行分配，由于原构件已产生部分塑性变形，故将原截面刚度乘以折减系数 α，$\alpha = 0.8 \sim 0.9$。

（二）新旧砼整体工作

新旧砼独立工作时，其承载力较低，因此对构件加固，应尽量使新旧砼共同工作，而要保证新旧砼共同工作，则新旧砼结合面应作如下处理：原构件在新旧结合面应凿毛，板面砼不平度不小于 4 mm，梁面不平度要不小于 6 mm，并应隔一段距离凿槽，以形成剪力键；新旧结合面应凿毛，洗净，并涂丙乳水泥浆或 107 胶聚合水泥浆。当在梁上作后浇层时，应配箍筋及负弯矩钢筋，新钢筋与原构件钢筋之间用短钢筋连接。当构件浇叠合层时，应尽量减少原构件承受的荷载，使构件的变形部份恢复，以保证加固构件能够协同工作；由于在加固前，构件已承受变弯矩，而后浇之叠合层，只承担后加荷载，因此，叠合层的砼应力较原砼滞后，而钢筋的应力超前，根据规范规定，叠合构件的计算与砼整浇梁采用相同的正截面承载力计算方法。但是叠合构件的原受拉钢筋应力 $\sigma s = \sigma s_1 + \sigma s_2 \leqslant 0.9 f_y$。其中：$\sigma s_1$-后浇砼参与工作之前在原弯矩 M_1 作用下原钢筋应力，$\sigma s_1 = M_1 / (AS \times \eta_1 \times h_0)$；$\sigma s_2$-后浇砼参与工作之后在新增弯矩 M_2 作用下原钢筋应力，$\sigma s_2 = M_2 \times (1-\beta) / (A_s \times \eta_2 \times h_0)$；$\eta_1$、$\eta_2$ 为裂缝截面的内力臂系数，可取 0.87；AS 为受拉钢筋的面积。

（三）受拉区增补钢筋加固法

受拉区增补受拉钢筋是指在受力较大的区段增加受力钢筋，以提高梁承载力的一种加固方法。可分为增补钢筋和增补型钢加固。增补钢筋又分为全焊接法、半焊接法、粘结法。全焊接法是将增加钢筋直接与原钢筋焊接，不补浇砼，只依靠焊接参与原的工作。半焊法是将钢筋与原焊接后，再补浇一层砼进行粘结和保护，这样，增补钢筋既受焊接约束，又通过砼与原梁相互作用，其受力特征与原钢筋一致。粘结法是指全部依靠砼的粘结力来参与原梁的工作。增补型钢加固可分为干式和湿式两种。是指将角钢用水泥砂浆或树脂砂浆粘贴在原梁的角部，并用 U 型螺栓套箍加强，后用水泥砂浆将角钢和套箍包裹，以保护角钢和套箍。当原梁与型钢无粘结或不能确保剪力的传递时，则为干式包钢。（1）因原梁钢筋在增补钢筋之前已承受弯矩，故增加钢筋的应力要滞后于原梁内的钢筋，因此，当增补钢筋已屈服时，梁将出现大的变形和裂缝。考虑这一原因，增补钢筋的抗拉强度设计值应乘以 0.9 的折减系数；（2）原筋的应力控制：由于原钢筋的应力超前于增补筋，因此，原钢筋更易于屈服，故原钢筋的应力要控制在 80% 的抗拉强度。即：$\sigma s = \sigma s1 + \sigma s2 \leqslant 0.8 fy$。其中：$\sigma s1$-加固时荷载标准值就生的弯矩 $M1k$ 作用下钢筋应力 $\sigma s1 = M1k/(0.87AS \times h01)$；$\sigma s2$-加固后增加荷载标准值就生的弯矩 $M2k$ 作用下钢筋应力，$\sigma s2 = M2k/0.87(AS+AS1) \times h0$。

砼结构的加固方法多种多样，考虑到在原构件上作加固，砼和钢筋应力都与原构件的砼和钢筋应力不同步，砼应力超前，钢筋应力滞后，在加固时，要作好原钢筋的应力控制。重点要作好构件的构造处理，以尽量使原构件和加固部份协同工作。

五、钢筋混凝土结构梁板的裂缝的控制

（一）工程概况

某办公大楼位于某市民广场北侧，建筑面积越 40000.2m²，高度约 46m，地面以上十

一层，采用钢筋混凝土框架-抗震墙结构，梁板平面最大边缘尺寸约 158.7m×40.4m，梭形办公楼部分最大尺寸约为 140.45m，后办公楼最长约为 130m，为超长钢筋混凝土结构。

该工程采用现浇混凝土结构，结构梁板超长，在考虑到建筑物的整体性及美观性等原因，整个结构不设永久伸缩缝，只能部分设置后浇带。因此，必须采取合理的技术措施，避免超长结构因环境气温变化、水泥水化热以及混凝土收缩变形等因素造成混凝土结构开裂。另外，本工程结构形状复杂，在变截面部位收缩拉应力会产生应力集中，极易造成开裂。鉴于工程的复杂性和技术难度，本工程采用补偿收缩混凝土等综合技术措施来控制结构有害裂缝的产生。

（二）裂缝成因

混凝土结构在建设和使用过程中出现不同程度、不同形式的裂缝，这是一个相当普遍的现象，它是长期困扰建筑工程技术人员的世界性难题。国内外工程技术界都认为，规定钢筋混凝土结构的最大裂缝宽度主要是为了保证钢筋不产生锈蚀。科学的要求是将其有害程度控制在允许范围之内。近代科学关于混凝土宏观、微观的研究和工程实践都说明：混凝土开裂是绝对的，不裂是相对的。虽然开裂难以完全避免，但它却是能够控制的，采取一些技术措施完全可以将裂缝的危害控制在一定范围。

混凝土结构开裂的原因很多，但归纳起来有两类：变形引起的裂缝和受力引起的裂缝。变形裂缝其实也是应力导致开裂，起因是结构首先要求变形，当变形得不到满足才引起应力，应力超过混凝土强度才会开裂。据国内外的调查资料，建筑工程中混凝土的开裂，由变形变化引起的开裂约占总数的80%以上，由荷载引起的裂缝不足20%。在变形引起的开裂中，最主要的因素是温度的变化、混凝土收缩和地基变形。

由此可见，本工程混凝土结构梁板超长主要应解决变形性、重点是伸缩性的开裂。在变形中最重要是解决收缩问题。因为混凝土是一种脆性材料，抗压强度较高，而抗拉强度很低，在受到钢筋或邻位结构限制的情况下，混凝土膨胀时内部受压，不易开裂，而在收缩时外部受拉，很容易开裂。

本工程为超长钢筋混凝土结构，梁板最大边缘尺寸为154.7m，不设伸缩缝，且结构形式复杂，梁板处于地上，由于气候变化，混凝土结构的热胀冷缩、干燥收缩以及水泥水化热所产生的温度应力都很大，如何控制因冷缩和干缩产生的拉应力造成的结构开裂，成为施工技术的关键。

（三）相应措施

1. 混凝土收缩

混凝土收缩包括混凝土自身随龄期的收缩、失水干缩、碳化收缩、塑性收缩等。

（1）通过"双掺"技术。在混凝土中掺入适量的缓减水剂，改善混凝土的和易性，减少水用量，提高混凝土的可泵性，并延迟水泥水化热的释放速度，同时热峰也会有所降低，同时能够避免连续浇筑混凝土过程中的冷接缝问题。

膨胀剂在水化过程中产生适度膨胀，在钢筋及邻位的约束下，在混凝土中建立一定的预压应力，这一应力可部分抵消混凝土在收缩时产生的拉应力，从而防止或减少混凝土构件的开裂。

掺入 I 级粉煤灰等活性混合材既可改善混凝土的工作性，又可代替部份水泥，可以降低水泥水化的发热量，减少温度应力，减轻裂渗的出现，减少温差裂缝产生。据文献介绍，掺入水泥量的 15% 粉煤灰可降低水化热约 15%。

（2）设置一定数量的膨胀加强带、后浇带、膨胀加强带与主体结构同时浇筑，后浇带在主体结构封顶、且主体结构浇筑完毕 42 天之后浇筑。

（3）从材料角度入手，严格控制混凝土原材料的质量和技术指标，选用低收缩原材料，如 C3A 较高的水泥、较低含泥量的砂石以及合理的砂石级配、高减水的外加剂，降低用水量和水泥用量，配制出自身收缩较小的混凝土。

（4）做好保温、保湿养护，降低失水干缩，具体措施：塑料薄膜、麻袋片覆盖并浇水养护，避免混凝土过早失水造成干缩开裂。

（5）混凝土的塑性收缩发生在早期，梁结构混凝土初凝前进行二次振捣，梁板表面在终凝前用木抹子和铁抹刀搓压，防止或减少龟裂现象的产生。

2. 不均匀沉降

地基变形诸如膨胀地基、湿陷地基、地基差异沉降等通过打桩加以解决。

3. 荷载引起的开裂

通过结构力学计算，采用适宜的配筋措施和混凝土标号来解决。

4. 设计配筋及变截面部位措施

根据我们的研究和实践经验，为了控制温差和干缩引起的梁板开裂，超长方向配筋率不应小于 0.5%，并宜用螺纹钢筋，钢筋间距不宜过大。适当提高配筋率，设置细而密的钢筋有利于混凝土抗裂。本工程结构形状复杂，在变截面部位，由于截面突变，往往在拐角或相连部位出现较大的应力集中而开裂。为分散应力，在此处增加构造筋或斜拉筋 Φ10

-18@150-200。在转角、圆孔边加强构造筋，转角处增配斜向钢筋或网片，在孔洞边界设护边角钢等。

5. 后浇带、膨胀加强带的设置

本工程自首层至屋顶设置两条后浇带，宽度 1000mm。从平面结构图来看，后浇带将结构分为 3 段，中段长度达 58.8m，两侧每段长度 47.95m。在施工期间，对于每段楼板，由于干缩和冷缩，造成楼板内部产生拉应力，其内应力沿楼板长度方向的分布是不均匀的，端部内应力最小，位移量最大；越靠近楼板中部收缩拉应力越小，收缩拉应力最大的是变形不动点处的楼板，对于对称结构，该点位于楼板的中部。

据此，膨胀加强带的设置如下：

中段 58.8m，膨胀加强带中心线位于 2~12 轴跨中 1/3 处，其宽度 2~3m，带两侧架设密孔铁丝网，目的是为防止两侧混凝土流入加强带。施工时，带外侧用小膨胀混凝土，浇筑到加强带时改用大膨胀混凝土，到加强带另一侧时，又改为小膨胀混凝土浇筑。

一些特殊部位按后浇膨胀加强带处理，如：前后楼连廊、2-1 轴左侧、2-23 轴右侧等一些变截面部位，这些部位待两侧混凝土结构浇筑完毕 7 天以后用大膨胀混凝土回填，终凝后加强带保湿保温养护 14 天以上。

(四) 现场施工

1. 混凝土浇灌前准备

(1) 钢筋、模板安装按设计图纸安装、绑扎，固定牢靠，模板拼缝严密。

(2) 合理布管，如遇炎热天气，用湿麻袋包裹泵管，确保混凝土浇筑顺畅。

(3) 混凝土模板充分浇水湿润，达到降温的目的。

(4) 预先了解近期天气预报，确保混凝土施工避开大雨。

2. 原材料计量及级配

设计要求及混凝土拌和形式：二至七层墙、柱、梁、板混凝土标号为 C35，膨胀加强带部位 C40；八至十一层墙、柱、梁、板混凝土标号为 C30，膨胀加强带 C35。

由专业混凝土搅拌站供给，保证混凝土连续不中断供应。坍落度控制在 SL = 16 ~ 18cm；水泥、砂、石、泵送剂、膨胀剂、粉煤灰、水经过电脑自动计量后再投入搅拌机，确保计量准确，混凝土拌和均匀。

3. 混凝土的输送与浇筑

(1) 模板及钢筋间的所有杂物清理干净。

(2) 严格控制混凝土的入模坍落度，通常不超过 18cm。

（3）混凝土的浇筑采用"一个坡度、薄层浇筑、循序渐进、一次到顶"的方法，混凝土自然流淌形成一个斜坡。这种方法能较好地适应泵送工艺，避免泵管的经常拆除冲洗和接长，提高泵送效率，保证及时接缝，避免冷缝的出现。

（4）混凝土的浇筑按浇筑流程循序向前推进，每个浇筑带的宽度应根据现场混凝土的供应速度、结构物的长、宽等情况预先估算好，避免冷缝的出现。

（5）混凝土连续浇筑，保证"软结茬"，以防造成结构隐患。

（6）严格管理，确保膨胀混凝土振捣密实。振捣时，快插慢拔，振点布置要均匀。在施工缝、预埋件处，加强振捣，以免振捣不实造成疏松、孔洞。振捣时应尽量不触及模板、钢筋、止水带，以防止其移位、变形。

（7）楼板混凝土浇筑完毕，在终凝前二次抹压，防止或减少表面龟裂现象的产生。

4. 混凝土质量检测与控制

（1）每班检测坍落度不少于 2 次。

（2）每班检查原材料的称量不少于 2 次。

（3）按 GB50204-92《混凝土结构工程施工及验收规范》留置试块及检验评定。

（4）混凝土抗渗试块留置：连续浇筑混凝土量为 500 立方米以下时，留置两组，试块应在浇筑现场制作，其中一组标养，另一组与现场同条件养护。

5. 混凝土养护

（1）当浇筑完一块混凝土后，及时用塑料薄膜覆盖已找平的混凝土表面；当一整块混凝土终凝后不久，及时在混凝土表面覆盖麻袋并浇水养护，完成放线工作后，继续浇水养护至少 14 天以上。

（2）养护完毕后的楼板混凝土不得处于露天曝晒，急冷急热最易导致楼板开裂。应采取必要的保温保湿措施，继续覆盖麻袋并浇水养护。

6. 现场混凝土质量检测结果

按混凝土结构工程施工及验收规范 GB50204-92 成型试块并检验，结果评定如下：

（1）混凝土 28 天抗压强度达到设计强度的 110~130%，满足设计要求。

（2）混凝土抗渗试件均达到 S6 的设计要求。

（3）混凝土限制膨胀率满足超长结构的技术要求。

该工程主体结顶后，由建设、设计、施工、监理、质检、建材院等有关单位对该工程共同进行了验收，未发现任何有害裂缝。本项目通过采取降低水泥水化热、改善约束条件、提高混凝土极限拉伸强度等控制措施，加强施工过程质量控制，采用"双掺"等新技术，混凝土超长结构梁板无缝施工取得了成功。它取消了永久伸缩和双墙双柱结构，保证了结构的整体性，增加了有效空间，使大楼更加美观大方、宏伟壮观，大大简化了施工工艺，缩短了工期，保证了工程质量，结构不裂不渗，达到了预期目标，受到工程各方的一致好评。

六、现浇钢筋混凝土梁板结构优化设计

在框架式混凝土高层楼宇中，混凝土多层楼板连续支模的施工是混凝土的常见施工方式，而且支模施工不仅关系到建筑结构的稳定性，对于楼层的强度也是有非常大的影响，本节重点对混凝土结构多层楼板的连续支模施工进行了针对性的分析，目的是提高施工水平。

（一）现浇混凝土多层楼板连续支模施工存在的问题

1. 多层楼板连续支模施工存在的编制问题

从目前的施工情况来看，在进行连续支模施工的过程中依然存在非常大的问题，首先在多层楼板连续支模进行施工之前，相关的技术人员没有针对现场的施工条件以及施工情况进行相关的技术检验，连续支模施工方案的安全问题以及施工模板的支撑都需要在检验的基础上进行。其次，现场使用材料经常会出现不符合的情况。例如在日常施工管理的过程中，钢管壁的厚度不足，以及材料新旧和截面的尺寸经常不满足实际施工的需求，因此这样会给日常施工的质量带来非常大的问题。最后在进行多层楼板连续支模施工过程中，经常会出现非常多的安全事故，原因是现场大多是技术管理人员对多层楼板连续支模施工的重视程度不够，无法将安全意识直接融入日常的工作中，从而使得施工安全问题仅仅是形式方面的问题，无法解决在实际施工过程中的安全问题治理的根本，从而造成了非常大的安全隐患。

2. 多层楼板连续支模存在的技术问题

在实际的施工中，相关的技术人员没有按照施工的要求，造成了施工的结果和设计方案之间的误差非常大，容易造成非常严重的安全隐患，因此在踏建施工的过程中会造成非常大的质量问题，主要表现在以下三个方面：首先是在立杆地基上面的问题，立杆对基础有一定的要求，在实际的施工过程中，由于地基没有按照要求进行夯实，或者是地基模板太薄，木垫板的面积不足，这些都会造成支架出现不稳的现象，甚至支架或者是梁板都会出现严重变形的现象，对建筑的质量会造成非常大的影响。其次在对多层楼板连续支模施工中，没有根据要求进行搭设，例如立杆的横向和纵向的距离没有很好的进行设置，以及剪刀撑没有按照要求进行设计，从而造成垂直坍塌或者是支架出现平衡的现象在施工中比比皆是，这些都会对施工安全造成非常大的威胁。最后，支架的搭设也常常没有按照要求进行。大多数水瓶立杆在搭设的过程中没有和已经浇筑的结构混凝土进行结合，这样没有按照要求形成有效的剪刀撑，使得斜撑设置没有达到预期的高度，从而使支架的稳定性出现了明显下降的现象。

3. 监管方面存在的问题

首先，由于预算和精度问题，在监管方面无疑存在监管力度不足，对施工方案的审核没有按照要求进行，甚至在方案没有进行论证的情况下盲目的进行施工，从而造成了后期整改非常困难的现象，而方案在确定以后没有进行及时的技术交底，也是在施工监管方面存在非常大的问题。其次，在工程施工的过程中，往往都是临时工或者是民工较多，因此施工现场会出现比较混乱的现场，管理难度较大，而技术管理人员由于管理经验和管理技术的不足，往往会存在施工现场比较混乱的现象，现场的管理难度较大，因此施工现场会出现非常大的安全隐患。另外在多层楼板连续支模施工过程中，材料的审核，支架的搭设以及施工现场的检测都无法保证消除安全隐患问题，给实际施工带来了很大的麻烦。最后工程安全监督不足也是实际施工监管方面非常大的问题，监督管理单位的人员由于在实际施工中没有履行职责，因此施工现场难以做到全面监管，而监理人员也很难保证检验和验收程序的正常进行，这些都是混凝土结构多层楼板连续支模在施工过程中存在非常危险的因素。

（二）加强多层楼板连续支模策略

随着我国经济的发展，大型建筑不断的涌现出来，在这个过程中，新技术和新结构都会对建筑工程带来非常大的影响，同时施工材料和施工技术之间存在一定的相关性，因此在实际施工的过程中，我们要根据实际的施工需求，做到施工技术和预算成本完全有效的统一，从而保证实际多层楼板连续支模能够达到预期的要求。那么需要注意以下几个方面：

1. 工程方案设计

其施工环节主要包括以下步骤：满堂红顶架搭设→架设梁底木枋龙骨于钢管顶托托板上→梁底模板及侧模板安装→架设板底木枋龙骨于钢管顶托托板上→楼面模板安装→梁板钢筋绑扎→隐蔽工程验收→梁板混凝土浇筑→混凝土保养→混凝土达到设计强度要求后松下可调顶托→拆除梁板模板、清理模板→拆除水平拉杆及钢管顶架等。

2. 施工管理

在目前的建筑环境下，在对多层楼板连续支模进行技术选择的过程中，需要通过各个技术标准进行严格的处理，使得多层楼板连续支模工程能够满足预计的施工要求，避免出现安全事故和质量问题。首先，在施工的过程中，对立杆的设置需要进行严格的控制，并且设置一定的纵横缝和扫地杆，同时设置合适的调度的支托，保证螺丝顶部能够达到实际的技术参数。其次，在一般情况下，对立杆施工中底部的性能需要进行严格的控制，因为这关系到立杆的稳定性和强度，对于后面的混凝土施工会带来非常大的影响，而立杆的稳定性是保证施工安全性最为重要的因素。最后在控制管理的过程中，一般采用的是 2 m 左右厚的横纵向或者是水平方向的拉杆，在拉杆进行处理的过程中，对拉应力进行均匀分布，而当其无处可顶的时候，应当将水平拉杆设置在一定的端部。

3. 混凝土浇捣的管理

在对墙、梁柱的结构经过检测达到一定的强度以后，模板支架的约束端才能够进行施工，在混凝土浇筑施工之前，需要检查其施工的配合比，对混凝土的坍落度需要进行技术的检测，达到了一定的条件以后才能够进行浇筑。

4. 模板拆除施工技术控制

在工程模板拆除的过程中，各个技术环节满足了实际的设计标准的情况下，并且混凝土达到了一定的强度以后才能够进行拆除，在对混凝土检测以后，技术负责审批完成以及监理公司批准以后方能够进行拆除。

5. 支架制作及安装要点

由于支架国家没有相关的规定，因此对于支架的确定需要工程的实际情况作决定。支架是整个工程安全中非常重要的组成成分，支架的安装关系到工程设备的寿命，对于支架制作安装过程中，需要重点关注的是所用吊杆型钢的规格是否符合安装的要求，支架承受管道的最大载荷量的计算是否符合设计要求。

多层楼板连续支模在进行施工的过程中，一定要按照施工的流程进行，在保证施工质量的情况下，需要对完全问题加大重视，项目的整个施工必须保证科学的流程，防止违规操作，共同保证施工的安全性。

第二节　多层钢筋混凝土框架结构

建筑行业与我国经济发展之间存在密切联系，为了满足人们的物质需求，在关注技术创新的同时，也要注重迎合人们的居住环境和品位需求，而多层建筑可以更好的满足当前人们物质生活需要，因此设计中应该引入更多新理念，合理化应用钢筋混凝土框架结构来高质量呈现。钢筋混凝土框架结构可以充分契合多层结构要求，其中包括梁、柱、楼板和基础几种承重构件，构成相应的平面框架，将多个平面框架连接起来构建完整的空间结构体系。多层钢筋混凝土框架结构设计看似简单，但实际上细节较为复杂，如果概念把握不到位，后期工程施工中所诱发的后果是十分严重的，可能会延缓施工进度，甚至威胁到施工安全。鉴于此，应积极推动多层钢筋混凝土框架结构设计优化，充分结合当前时代下的主流建筑类型，推动设计理念和方式优化改良，提升设计水平，以期建造符合社会发展需要的建筑工程项目。

一、钢筋混凝土框架设计概述

钢筋混凝土框架结构传力路径应尽可能简单，在受到荷载作用时，如果传力路径较短，相应的耗费建材量也会减少，工作效能反向提升。无论是公共建筑还是民用建筑，柱网布设一般依据建筑开间、跨度等布置，然后在功能允许的条件下合理优化结构布置，在提升结构刚度同时，还可以实现连续梁受力均衡，减少结构弯矩，增强结构稳定性。

二、抗侧力构件和结构体系分析

框架柱作为抗侧力构件时，截面大小和布置位置直接影响到建筑结构抗震性和稳定性，抗侧力构件应该均匀、对称布置，竖向布置有助于刚度均匀变化，框架柱的材料强度自下而上逐渐减少，可以有效规避抗侧力结构和侧向刚度变化。结构体系需要具备较为直观的计算简图，保证结构应对重力荷载的承载力，通过设置多道防线，保证结构受力明确、不间断，在抗震计算时更符合地震时结构实际表现。结构体系要具备应有的刚度，承载力分布和结构布置相契合，规避局部削弱出现突变，形成较大塑性变形集中和应力集中。

结合近些年来地震带来的灾害来看，经常出现单跨框架坍塌事故。因此，对于现代建筑工程，在抗震设计中不应该选择单跨加悬挑框架结构，外走廊配备落地框架柱形成多跨框架；如果连廊必须选择单跨框架，应适当增加单跨方向柱截面，增强结构抗震性。单跨框架抗侧刚度较小，耗能弱，抗震时不需要设置多道防线。如果柱出现塑性铰，可能会出现连续倒塌事故。结合地震灾害结果表明，多层钢筋混凝土单跨框架结构震害较为严重。

三、多层钢筋混凝土框架结构设计

结合相关文件要求和设计规范，钢筋混凝土框架结构是水平承重体系—各层楼盖与屋盖连接形成空间的结构体系。各平面钢筋混凝土框架结构形成的竖向承重体系，直接承受着屋盖、楼盖等不同方向的荷载，最后将其传递给地基。

（一）提出合理的结构设计方案

多层钢筋混凝土框架结构主要是梁、柱刚性连接形成的房屋建筑结构，需要遵循相应的设计规范和文件，并且通过对设计方案深入理解，指导后续设计顺利进行。通过了解建设要求和设计意图，细化图纸内容，并对建筑图纸全方位审核，针对性解决其中存在的问题，编制合理的设计方案，优化结构设计。钢筋混凝土框架结构中，通过各平面框架形成竖向承重体系，可以有效承受房屋建筑的水平、竖向荷载，并将受力传递给地基。

编制合理的设计方案，重点内容是结构的合理布置以及选择合理结构计算参数，经过合理化数据计算，提升设计方案合理性。

多层框架结构主要设计参数有以下几点：①梁刚度放大系数。在钢筋混凝土框架结构设计中所选择的软件模型，主要以矩形截面状态呈现，但是此种模型未能从本质上杜绝楼板 T 型截面诱发的刚度增大问题，致使计算结果精准度下降。这种情况下，计算刚度并不符合实际刚度，地震剪力不足，为钢筋混凝土框架结构埋下了一系列不安定因素。所以，如何保证结构设计合理性，应该充分了解实际情况，参数计算中放大处理梁刚度，充分契合施工具体情况，全面保证建筑物结构安全和稳定性；②结构抗震等级。在钢筋混凝土框架结构设计中，结构抗震等级是一项设计重点内容，根据不同的建筑抗震设防类别和设防烈度，选用相应的抗震等级和抗震措施，这样才能保证设计的钢筋混凝土框架结构具备足够抗震性能，维护建筑物安全稳定；③基本地震加速度。在钢筋混凝土框架结构设计中，关于地震加速度的设计至关重要，主要是起到地震发生时保证建筑结构的稳定性，多是依据抗震设防烈度指标来确定。如果设计不符合实际情况，则会为建筑物埋下结构失衡隐患，一旦地震发生，建筑物则无法有效抵御地震所产生的冲击，威胁到人们生命财产安全；④结构周期折减系数。在框架结构中，填充墙占据重要地位，对结构刚度影响较大，在砌体填充墙计算中，依据填充墙的数量、与框架结构本身的相对刚度来确定周期折减系数。如果计算刚度结果与实际情况不符合，计算周期超出了实际周期，则会导致建筑物的抗震性降低，威胁到建筑物结构整体稳定性。

（二）结构布置

多层钢筋混凝土框架结构布置阶段，需要契合实际情况，确定合理的柱排列方式，编制合理的结构承重方案，经过审核符合建筑结构和使用需求。同时，保证建筑结构受力均匀、合理，便于施工活动便捷、有序进行。主梁沿着房屋横向布置，连系梁和板则沿着房屋纵向布置。建筑结构竖向荷载是横向框架所承受，而衡量的截面高度较大，便于增加房屋横向刚度。因此，此种结构布置方案在实际工程项目中应用较为广泛。

对于带有地下室的多层框架房屋，建筑上部结构确定合理的嵌固位置则至关重要。因此，结合建筑抗震设计规范要求来看，并未确定合理的位置，因此需要结合实际情况针对性分析。对于符合抗震规范的地下室结构，抑或是采用箱型基础，地下室顶板可以充当框架上部结构嵌固位置，基于 PKOM 软件来设计，输入地下室以上层数，底层层高 H 是为建筑实际层高。基于此种方式，最终计算得到了抗震结果更贴近实际情况。如果不符合建筑抗震规范要求，地下室嵌固位置优先选择在基础顶面，在楼层组合电算时，实际楼层数加上地下室层数即为建筑总层数，这样计算结果更加真实、合理，地震作用相较于保守，多层框架结构更加安全可靠。

如果多层框架结构的房屋建筑没有地下室，在基础埋深较浅情况下，通常是采用房屋中梁柱作为刚接框架结构，底层柱的长度选择，主要是采用基础顶面到一层楼盖顶面的高度。但实际设计中由于基础并未涉及，导致基础顶面标高模糊不清，所以无法得到这一高度值。鉴于此，要结合实践经验来大致估算基顶标高，尽可能降低计算偏差。

（三）框架结构计算简图

框架结构设计中，在明确构件截面尺寸和结构计算简图基础上，针对性计算建筑结构荷载和内力，并对建筑结构侧移分析。框架的梁柱截面尺寸选择，需要充分考量结构刚度、承载力和延性等各项要求确定，因此在初步设计阶段可以结合设计人员经验来选择截面尺寸，然后对结构变形和承载力情况进行盐酸，检查各项规格参数是否合理。框架结构是基础、楼板、梁和柱等构件构成，属于空间结构体系，因此需要对结构进行三维空间结构分析。但对于一些结构平面布置较为规则的框架结构房屋，为了降低计算难度，多是将空间结构细化为多个横向或纵向的平面框架，然后进行分析，以此来降低计算难度，提升计算结果精准度。

在设计阶段，为了减少房屋建筑底部位移量，提升结构整体性，应注重基础连系梁设置位置优化设计。基础连系梁设计仅仅是构造设计，无法实现底部柱脚弯矩平衡，如果将一层楼盖顶面到基础连系梁顶面高度设计为 H 值，是不合理的。基础连系梁以下的部分作为底层，连系梁顶面到基础顶面高度是 H 值，那么建筑底层可以作为第二层，一层楼面与连系梁顶面高度是层高 H。在此基础上，基础顶面与基础连系梁顶面中较大的作为柱内配筋设计，依据框架梁对连系梁进行设计。

四、多层钢筋混凝土框架结构设计中应注意的问题

多层钢筋混凝土框架结构设计涵盖内容较多，专业性较强，任何一个环节出现疏忽，

都会产生连锁反应，因此需要明确多层钢筋混凝土框架结构设计中的注意要点，提前制定有效措施予以规避，便于提升设计合理性，指导后续施工活动高效有序进行。具体设计中应注意的问题如下。

（一）强柱弱梁节点设计的问题

该环节需要予以高度重视，主要是为了抵御地震作用的影响，保证建筑物结构安全稳定。强柱弱梁强弱高低，很大程度上取决于柱端截面抗弯矩能力增幅大小，是否可以抵御地震冲击影响，将柱端界面屈服的塑性转动量控制在塑性转动能力范畴，保证柱稳定。符合要求的建筑物，适当的增加柱截面尺寸，柱线刚度和梁线刚度比值1以上，确保柱的轴压满足标准要求，适当的增加结构延性。在截面承载力计算中，可以通过人工方式调整放大柱的设计弯矩，并且对加强柱进行配筋改造。但要注意梁端纵向受拉钢筋配筋率要适中，避免超出标准，规避地震作用下导致塑形铰转移到立柱上。所以，通过有效的墙柱弱梁方式，保证塑性铰出现在梁端，同时使构件延性得到保障，规避脆性破坏出现。

（二）做好强剪弱弯设计

强剪弱弯是一个从结构抗震设计角度提出的一个结构概念。弯曲破坏和剪切破坏是钢筋混凝土柱在地震作用下常见的破坏形式。其中弯曲破坏属于延性破坏形式，柱发生弯曲破坏可以拥有较大的非线形变形而强度和刚度降低较少；而剪切破坏属于脆性破坏形式，柱发生剪切破坏常常伴随着刚度和强度的较大的退化，破坏突然，对结构整体安全性影响也较大。故现代抗震设计思想中提倡"强剪弱弯"设计，目的就是尽量使结构在遭受强烈地震作用时出现延性破坏形式，使结构拥有良好的变形能力和耗能能力。

"强柱弱梁，强剪弱弯"是一个从结构抗震设计角度提出的一个结构概念。就是柱子不先于梁破坏，因为梁破坏属于构件破坏，是局部性的，柱子破坏将危及整个结构的安全——可能会整体倒塌，后果严重！所以我们要保证柱子更"相对"安全，故要"强柱弱梁"；"弯曲破坏"是延性破坏，是有预兆的——如开裂或下挠等，而"剪切破坏"是一种脆性的破坏，没有预兆的，瞬时发生，没有防范，所以我们要避免发生剪切破坏。

另外，应该高度重视构造措施的选择，大跨度柱网框架结构，楼梯间区域的框架柱是楼梯平台梁连接，楼梯间的柱可能是短柱，因此可以适当的对柱箍筋加密布置，在设计中需要予以高度重视。框架结构外立面如果设计为带形窗，由于连续窗过梁，外框架柱可能变成短柱，因此需要加强构造措施。

（三）结构应力问题

多层钢筋混凝土框架结构的外立面是带形窗，通过配置连续窗过梁，可以令结构柱充当短柱，因此需要适当的对构造改造和加固；如果框架结构长度超出标准值，应禁止建筑框架留出缝隙，为了规避有害裂缝出现，可以选择补偿混凝土浇筑施工，并适当的增加双向配筋配置密度，控制构造间距不超过150mm。

框架外挑梁配筋施工中，结合框架结构功能要求，很多工程会在框架梁端设计挑梁。实际上框架梁和外挑梁的断面尺寸规格存在差异，二者所长寿的荷载值也不尽相同，部分设计方案中仅仅是将框架梁的部分主筋朝着外挑梁延伸拓展，无法伸进挑梁，致使部分钢筋截断，不同程度上影响着工程质量、进度和安全。为了满足框架柱的强度要求，配筋计算中应尽可能选择不利的方向开始计算，或是两个方向分别计算，并选择大方向的配筋，对称设置；适当增加框架柱配筋，依据设计要求，大概在1.2~1.5倍左右；多层框架电算时，部分人员过分依赖经验，忽视了温度应力和不均匀沉降对框结构稳定性的影响，如果多层框架水平尺寸大，或是地基承载力不强，可以适当的增加配筋密度，在横线和纵向设置基础梁，优化设计框架梁来提升结构稳定性。

另外，多层钢筋混凝土框架结构设计是一项专业性较强的工作，其中涵盖的内容多样，因此设计要遵循相应原则来保证设计合理性。首先，整体性。多层结构中，增强结构整体性至关重要，在聚集和传递荷载到各个竖向抗侧力结构同时，还可以增强结构整体性，有效承受地震作用力冲击，尤其是竖向抗侧力结构不均匀布置，或是各抗侧力结构水平变形特征有所差异情况下，需要依托于各抗侧力结构协同工作，以此来提升结构整体性。其次，简单性原则。多层结构设计应该尽可能简单，传力路径明确，结构内力与位移分析便于掌握。在荷载作用下，尽可能缩短结构传力路线，结构整体工作效能更强，所消耗的材料总量也更少。最后，均匀性原则。多层建筑结构设计要遵循均匀性原则，规避传力途径、承载力和刚度突变，限制一个或几个楼层发生敏感薄弱部位，或是应力过于集中发生变形。结构布置均匀，有助于地震力采用直接的方式传递，避免质量和刚度偏心。

五、框架结构优化改造方案

"砌体加箍"的概念。"砌体加箍"就是集合砖砌体轴向刚度大稳定性好、钢筋混凝土框架梁柱抗压抗剪强度高、延性好（与砖砌体相比）的优点；规避砖砌体脆性大受拉受剪易开裂，由梁柱组合的框架刚度小受侧力易弯曲变形稳定性差的缺欠，组合成优化的框架结构模式——"墙柱梁联合承重协同工作"模式。

确定"箍"的截面是结构优化的关键环节。宜按三种条件考虑截面：一是非抗震结构；二是一般抗震结构（6度~7度设防）；三是特别抗震结构（8度及8度以上设防）。以"强墙弱梁柱适中"为框架结构优化改造的主导方向。

应用异形柱并适当提高填充墙的承载力、整体刚度和稳定性，将填充墙由传统框架结构中的非承重构件/非抗震构件转变为承重构件/抗震构件，是优化方案的两个核心技术措施；"先砌后浇"是十分重要的施工工艺改革，是实现方案优化目标的技术保证条件。

墙柱梁（按实际成型顺序排序）联合承重协同工作结构模式，设计和施工十分便捷易行，更适用于高地震裂度（8度及8度以上）设防的抗震结构中。一般只须进行抗震概念设计和抗震构造措施即能使结构达到抗高震级的能力。如根据地震经验和工程经验加大建筑四角的角柱截面；加大底层角柱边柱截面直至设计成抗震墙，在梁柱节点处加设加固脚和腋肢的抗震构造措施等。采用"先砌后浇"的施工工艺，不但结构刚度增强，稳定性提高，而且还使施工更为便捷，如梁直接浇在墙上，省去了梁底模支柱斜撑等材料及相应的安装工序；砌填充墙时按异形柱截面尺寸预留出空腔，只须用模板封闭柱朝向墙外一侧即可，简化了支模工序，减少了模板材料消耗，节约了建造费用，缩短了工期。

应用异形柱、隔墙加厚（与梁柱同截面）的技术措施消除了传统框架结构建筑无法消除的突出室内墙面墙角的梁柱楞角，改善了室内观感和使用功能。

墙柱梁联合承重协同工作模式的单体构件组合整体联合作用浅析。墙柱梁三构件形成组合体后，受力情况是复杂的，特别是地震组合作用（竖向作用加水平作用）就更为复杂。如只通过对墙柱梁单体构件受力分析，可能与墙柱梁组合体整体联合作用的实际效果不尽相符。如一1 000mm宽的窗间墙由长500mm的翼缘边和长500mm的腹板组成的"T"形柱与柱两侧"填砌"各240mm宽的多孔砖柱组成。如仅从单体构件分析，两个240mm宽的砖柱砌体抗侧力是很微弱的，抵抗侧力只宜考虑"T"形框架柱了（传统框架结构空心砌块后填在柱侧更无抗力可言）。但先砌后浇加拉筋组合成整体后，结构的抗力就有显著的变化，240mm宽砖柱体牢固胶结粘合在柱侧面，不但自身抗力借助于柱大幅增强，还给柱的抗力以有效地补强，所以就可认为是抗侧力很大的砖混抗震墙柱了。如同一侧力作用使独立柱（没有填充墙约束）受弯时发生弯曲变形直至破坏。但当柱两侧面有填充墙约束（角柱）或三侧面有填充墙约束（边柱）时，就可能不会发生弯曲变形破坏。反之，对受侧力作用的填充墙而言，墙轴向抗剪强度大延性好（与砖砌体相比）的框架柱自身的抗力，框架固有的刚度、稳定性和梁与墙粘合胶结的阻尼力减弱或抵消了侧力对填充墙的剪切破坏；墙横向柱与梁又共同约束了墙的横向位移变形而可能不受弯曲破坏，这就是"箍"的作用。又如抗震结构中，窗间墙用多孔砖"填充"框架柱侧后组合成一个牢固的整体（因多孔砖有相应的抗压强度可做多层砖混结构建筑的承重墙材料），此时框架梁就像砖混结构的圈梁一样嵌固在上下层窗间墙中，那就宜按窗洞口宽度和抗震结构刚度考虑梁的承载力和刚度。再如抗震结构中，填充墙具有一定的承载力，可承担竖向荷载，此时没有窗洞口的纵横向框架梁的工况就与传统框架梁有很大不同（弯距减小、刚度加大）。虽然是抗震结构，但有利的结构条件使"适当弱梁"成为可能（与传统框架梁对比而言）。所以，充分考虑墙柱梁的整体联合作用协同工作，有助于科学合理地确定梁柱的截面。当然组合的结构受力工况较为复杂，还有待深入研究。

填充墙优化改造与安全、经济、耐久、适用的平衡关系。填充墙加厚是优化改造的重要技术措施，直接看那必然要增加砌体工程量，使建造成本增加，似乎不太经济。但填充墙加厚却提高了承载力、整体刚度和稳定性，使填充墙转变为承重构件/抗震构件，使整个结构体系抗力增强，保证了结构安全耐久运行，同时又提高了围护墙的隔热保温功能，隔墙的隔声消音功能，使建筑更加适用。重要的是填充墙加厚却可适当减小框架梁柱的截面，使框架的钢筋混凝土工程量减少，节约了建造成本；更重要的是，建筑的结构在强地震作用下不遭受破坏，保障了人民生命财产不受损失，那是多么大的安全可靠经济合理。以较小的成本增加得到较大的功能改善，提高了工程价值，这就是价值工程追求的目标。

优化改造的框架结构用于非抗震结构建筑中可改善使用功能、节约结构用钢材和水泥；用于抗震结构，在不增加建造投资或增加很少的前提下（与传统框架结构对比），改善了使用功能；大幅度地增强了结构的抗力，从而使建筑达到抗高震级的抗震能力。

我们一定能认识、掌握并在工程中应用"墙柱梁联合承重协同工作"的框架结构模式，并逐渐完善、提高、成熟，使该结构模式成为工程结构体系"家族"中新的一员。

综上所述，目前建筑行业迅猛发展，建筑工程质量要求不断增加，需要契合实际情况优化结构设计。多层钢筋混凝土框架作为一种常见的工程结构，布局灵活，结构承载力强，因此在诸多建筑工程项目中得到了广泛应用。为了打造符合社会所需要的工程需要，需要优化框架结构设计，促进建筑功能和造型多样化，在保证工程质量的同时，创造更加可观的经济效益。

六、房屋建筑抗震设计

（一）房屋建筑抗震设计的基本要求

房屋建筑的抗震设计，是在现有建筑技术和经济水平的条件下，科学处理地震风险与建筑结构安全之间的关系。由于地震作用具有间接性、复杂性、随机性等特点，与一般的荷载（如结构自重、设备、家具等）不同，因而经过抗震设计的房屋建筑，一般都能够减轻地震的损坏或破坏，但尚不能完全避免损坏或破坏。在工业现代化和信息化快速发展的今天，建筑科技和建筑结构设计、施工技术管理等部门的科技人员意识到，单纯强调建筑结构在地震作用下不严重破坏和不倒塌，已经不是一种完善的建筑结构抗震设计思想，已不能适应高新科技发展对现代工程结构抗震性能的需求了。事实上我国现行的建筑结构抗震设计规范（GB50011-2010）采用的"小震不坏、中震可修、大震不倒"的三水准抗震设防目标和两阶段抗震设计方法，与《建筑结构可靠度设计统一标准》提出的"结构在规定的时间内、在规定的条件下，完成预定功能的概率称为结构的可靠度"的原则是一致的。为了达到建筑抗震设防的减震目标，在建筑抗震设计中需要重点控制的是：

（1）房屋建筑地基在强烈地震下保持稳定，并能承受上部结构传来的荷载。重点是防止边坡滑移和控制砂性土壤液化程度。

（2）房屋建筑的平面布置和结构选型不出现在地震作用下的安全薄弱环节。重点是控制房屋建筑各种几何尺寸、刚度和强度不连续性的程度。

（3）正确确定建筑结构承受的地震作用效应和结构构件的抗震承载能力。重点是控制结构构件的抗震承载能力与建筑结构承受的地震作用效应之间具有规定的比值。

（4）建筑结构抗震措施和细部构造能够防止结构在强烈地震作用下倒塌。重点是控制建筑结构在三个不同水准的地震作用下的损坏程度。

（二）建筑结构抗震设计的基本规定

（1）建设场地勘察和地基设计的抗震要求。在确定了房屋建筑的抗震设防依据和设防标准之后，建设工程场地的岩土勘察便是把好房屋抗震设计质量的第一道关口。建设场地条件的优劣，不仅对地基基础的投资有重要影响，而且对上部结构的抗震作用大小和抗震总投资有明显的影响。

建设场地勘察的抗震要求。建设场地勘察有单体工程，也有建设小区，其工作量的大小，与具体场地的复杂程度有关；建设工程的岩土勘探和试验，是正确评价场地地基抗震性能和进行抗震设计的基础和依据。为此，《建筑结构抗震设计规范》明确规定了供抗震设计使用的勘察报告所必需包含的内容，这是检查勘察报告质量时要着重掌握的：按实际需要划分对建筑有利、不利和危险的地段；依据对场地覆盖层厚度和场地土层软硬程度的评判，提供建筑的场地类别；当存在饱和砂性土层时，通过初判和标准贯入判别，提供液化判别结果和液化地基的处理方案；对无法避开的不利地段，在详细查明地质、地貌、地形条件后，提供滑坡、崩塌等岩土稳定性评价。

地基设计的抗震要求。根据我国历年来的宏观震害资料，只有少数房屋是因地基震害而导致上部结构破坏。地基震害现象主要有倾斜、裂缝、滑移、震陷和地基上浮等，其中

80%是土体液化引起的，软弱粘土地基和严重不均匀地基也容易产生震陷。因此，抗震设计规范关于地基和基础抗震设计的规定（包括基础选型、天然地基及各类基础的抗震承载力验算和构造等）中，扩大了对天然地基基础不作验算的范围，并根据桩基抗震性能比同类结构的天然地基要好的宏观经验，对照天然地基不验算范围，也列出了不存在液化土层时桩基不验算的范围。

（2）建筑布局和结构选型的抗震要求。合理的建筑布局和正确的结构选型是结构抗震设计中两个重要环节。由于结构所受地震作用的不确定性和复杂性，设计、计算很难有效地控制结构的抗震性能，必须依靠良好的概念设计理念。

体型复杂建筑的抗震要求。根据历年来宏观震害经验的总结，在同一次地震中，体型复杂的建筑比规则建筑容易遭破坏和倒塌。对不同的结构类型，规则与不规则的分界也有差异。抗震设计提倡规则，是现有的技术和经济条件所决定的；一个体型复杂的建筑，要达到国家标准规定的抗震设防目标，在设计、施工、监理等方面都需要投入较多力量和较高投资。对于体型复杂的建筑，通过设置防震缝划分为规则单元是一种处理方法；当不设置防震缝时，要采取必要的计算和构造措施；当设置防震缝时，分缝后的结构单元和缝宽均应符合有关规定；伸缩缝、沉降缝的宽度均应符合防震缝宽度的要求。

结构体系选型的抗震要求。抗震建筑的结构体系选型，应根据建筑的重要性、设防烈度、建筑高度、场地地基、基础、材料和施工技术等因素，经技术、经济分析和比较综合确定。按相关规范规定，合理的抗震结构体系应满足以下条件：受力合理，传力途径直接；避免破坏的连锁反应；具有必要的强度和变形能力，即从结构构件到整个结构体系，应具备必要的强度、良好的变形能力和耗能能力；控制抗震薄弱部位，包括：每个构件实际具有的承载力；当楼层实际的受剪承载力与按弹性分析的地震剪力的比值有突变时，由于塑性内力重分布，该楼层会出现塑性变形集中发生的不利现象；要防止局部的加强会导致整个结构刚度和强度的不协调；有意识地控制薄弱部位，使其有足够的变形能力又不发生内力转移，是提高结构整体抗震能力的有效手段。

（三）钢筋砼多层框架结构的抗震设计

在我国，钢筋砼结构有震害经验的主要是框架结构，结合国内外钢筋砼多层框架结构的震害调查，得知其地震破坏的主要部位是梁、柱连接处。多层框架结构在强烈地震作用下，破坏集中发生在柱上下端和梁两端，以及角柱的节点区，其中以柱端砼开裂者居多，严重时箍筋被拉开、砼酥裂、柱主筋压屈，甚至丧失对上部结构重力的承载能力。因此，为使多层框架结构达到抗震设防的总目标，除了按基本规定选择有利地段、正确确定地震作用效应和抗震承载力外，需要重点处理好结构构件的选型和构件的延性要求；通过内力调整实现概念设计要求；通过变形验算防止整体倒塌等。针对框架结构在强烈地震中因变形较大而破坏甚至倒塌的现实，多层框架结构抗震设计时，对梁、柱布置，构件截面尺寸、纵向钢筋和箍筋的配置，节点核芯区构造以及填充墙拉结等，提出了一系列配套的要求。

框架梁的箍筋构造。按"强柱弱梁"要求，梁应先于框架柱屈服，以使整个框架有较大内力重分布和耗能能力，而这主要决定于梁端的塑性转动量。为此，抗震设计规范规定了梁端箍筋加密范围和间距。

框架柱的纵筋构造。为使框架结构在地震中不丧失承载力，框架柱是最关键的构件。为此，抗震设计规范对不同抗震等级提出不同的最小总配筋率要求，以使其具有不同的屈服位移角和变形能力。

框架柱的箍筋构造。柱的延性与柱的轴压比、箍筋数量、箍筋形式、箍筋间距以及砼强度与箍筋强度的比值等因素有关。因此，抗震设计规范规定了柱端箍筋的加密长度、间距、直径和体积配筋率。

第三节　建筑地基基础

建筑物是由不同部分共同组成的，地基则是最为关键的，其对建筑受力结构、使用寿命等会产生直接影响，因而在组织施工时应该确保地基基础更为稳定，从建筑设计特点出发对施工技术进行选择，确保地基基础具有良好的耐用性能。对当下的建设设计加以分析可知，设计的理念、样式呈现出多元化特征，为了使工程整体质量达到标准要求，必须将地基基础工程作为关注的重点。施工企业针对地基施工的各方面情况展开全面分析，找出外部影响因素，并提出可行的解决对策，这样就可保证建筑工程顺利展开，质量有明显提升。

一、现代房屋建筑地基基础工程施工现状

众所周知，现代房屋建筑的类型是较为丰富的，设计样式持续增加，施工企业必须对此有正确的认知。然而，从当下的建筑施工现状来看，问题是客观存在的，具体如下。

（一）现代房屋建筑地基基础施工中常出现的问题

在展开地基基础施工时，地基沉降、桩基不稳等问题是较为常见的。导致这些问题出现的原因较多，如相关人员采用施工方法并不十分合理，或是在施工过程中出现人为失

误，如果这些现象得不到消除的话，施工安全就难以得到保证，而且工程利益也必然受损。地基沉降产生的影响较大，而且波及范围较广，周边建筑发生沉降的概率大幅增加。对整个问题加以处理时需要投入较多的资源，并会导致工程建设无法顺利展开。如果这个问题未能得到解决的话，施工的效率、质量就很难保证，施工企业的社会信誉也会降低，难以得到市场信任。在对此问题加以补救时需要投入较大的资金，尤其是建筑物发生严重倾斜的话，必须对大量群众进行转移，同时要由专业团队展开深入研究，寻找到可行的应对之策，才能将带来的经济损失控制在最小范围内。

（二）现代房屋建筑地基基础施工应注意的问题

对于施工团队来说，展开地基基础施工时必须对存在的安全问题加以重视。对施工设备进行操作的过程中应该将规定程序执行到位，同时将注意事项予以明确，尤其是要将人为因素带来的影响予以消除。组织施工的过程中，周边居民的工作、生活必然受到影响，尤其是噪声污染、环境污染较为严重，因而在对施工设备进行选择时必须将噪声等级、污染程度作为关注的重点，寻找到可行的措施来对施工影响加以控制。施工企业要组织专人完成地基基础的检测工作，监督人员必须深入施工现场，按照流程展开监督工作，并要将专业机构的作用发挥出来，通过更为先进的设备来对岩层性质、板块结构等加以分析，进而选择可行的技术来保证地基基础更加的稳定。

（三）现代房屋建筑地基基础施工缺乏过程管理

展开地基基础工程施工时，必须加强施工管理，以保证施工团队所要承担的工程量大幅减少，施工效率也会有明显提高。对地基基础施工技术进行合理选择，可以确保人力、物力等资源得到充分利用，并可将出现的问题进行详细记录。施工团队可依据过程管理的结果对施工人员拥有的操作技能进行了解，进而依据其能力对岗位进行合理安排，如此就可保证人员优势得到充分发挥，地基基础的耐用性也就能够提高很多。

二、房屋建筑地基基础工程的重要性及影响

地基基础具有的稳定性会对建筑承重起到决定性作用，因而在展开施工时，相关人员必须认识到地基基础具有的功能，并寻找到可行的途径确保其功能得到提高。

（一）房屋建筑地基基础工程应遵循的原则

对于房屋建筑地基基础工程来说，若想保证施工能够顺利展开，必须将以下原则落实

到位。首先是经济效益、工程质量相协调原则，对施工方式进行选择的过程中，要将工程等级、地基构成、企业资质等均纳入考虑范围中，在保证施工质量不受影响的基础上对施工技术加以优化，并对成本投入加以严格控制。其次是安装保障、施工设备相协调原则，组织施工时必然要面对一些复杂状况，尤其是地下作业有较大难度，此时必须寻找到可行的措施来保证施工人员能够形成更为牢固的安全意识，同时要选择更为先进的施工设备，使人员安全得到保证。最后是生态效益、经济效益相协调原则，大家对环保的重视程度大幅提高，为了保证生态平衡能够真正实现，施工时必须寻找到可行的措施来对环境加以保护，确保耕地、山林等不会受到严重破坏，确保建筑工程、自然能够真正实现和谐相处。

（二）房屋建筑地基基础工程的重要性

如果地基基础更为稳定，建筑上部受力结构就会得到大幅提升，设计人员就可灵活地展开设计，进而使房屋建筑类型更加丰富。另外，如果地基基础更为坚固，对其进行维护时所要投入的成本就可控制在较小范围内。更为重要的是，建筑物使用的安全性能够有明显提升，使用寿命也会大幅延长，而且舒适性、美观性也可得到保证。

三、现代房屋建筑地基基础工程施工技术特点

（一）复杂性

对地基基础施工加以分析可知，地下工程需要重点关注。我国的地质条件较为复杂，即使在相同区域中，地质条件也存在差异，这就要求施工技术的选择更为慎重。另外，地基基础施工方案也呈现出一定的复杂性，因而要确保选择更为适宜的施工技术，以保证地基处理的效果更为理想。

（二）严重性

从建筑物具有的承载能力来看，地基基础能够起到决定性作用，一旦地基不够稳定，建筑使用寿命必然受到影响，尤其是安全无法得到保证，带来的经济损失较为严重，而且对社会稳定也会造成直接影响。

（三）潜在性

地基基础施工方案是较为复杂的，而且工序较多，必须对衔接加以关注。如果工序出

现颠倒，质量、安全就难以保证，建筑投入使用后发生风险的概率会大幅增加，稳定运营也无法实现。

四、地基基础施工技术的难点分析

（一）地基处理具有复杂性

我国不同地区的地质环境有明显区别，软土地、冻土地、盐碱地是较为常见的。另外，有些地区发生地震、泥石流的概率是较大，这对房屋建筑地基基础施工会产生明显的影响，导致整个施工显得较为复杂。

（二）地基处理具有困难性

展开现代房屋建筑施工时，要将地基处理做到位，然而地下工程所处环境较为恶劣，使处理难度大幅增加。如果地基处理未能达到要求，房屋建筑施工必然会受到影响，尤其是使用安全难以得到保证。

（三）地基后期处理难度大

地基基础施工是不可忽视的，然而如果在投入使用之后发生问题，则会对后期处理产生直接影响，并导致成本大幅增加。

1. 重视工程勘查的准确性

众所周知，建筑地基是存在隐蔽事故的，如果能够在第一时间发现就可保证事故发生概率大幅降低，造成的损失也会明显减少。在进行事前预测时，必须做好勘察工作，所得数据也要加以详细记录。为了使勘察更加全面，应该将建筑使用的范围、途径加以明确，尤其是要保证数据记录的准确性，如果发现问题，必须第一时间上报，不可出现瞒报的情况。勘查的过程中要将钻孔深度作为关注的重点，确保其和事前评估是相符的，如果达不到现行标准，应该直接放弃，以保证施工建设有序展开。

2. 提高结构设计的合理性

为了保证地基建设能够顺利展开，设计工作必须交由专业人员完成。在设计的过程中，建筑使用途径、周边气候环境、地基地质状况等应该纳入考虑范围中，组织相关人员完成实地勘测工作，确保实用性、经济性能够有大幅提升。从设计人员的角度来说，要对工程勘查报告加以重视，对地基具有的承载力应该进行准确计算，如果数值未能得到明确，则要重新完成测量工作，以使数据更加精准。如果组织施工时发现存在沉降、倾斜等问题，必须暂停施工，并寻找到导致问题出现的具体原因，进而提出可行的解决对策，施工单位对此要有正确的认知，在展开日常施工时必须加大检查力度。

五、现代房屋建筑地基基础工程施工技术分析

（一）泥浆护壁钻孔灌注桩技术

我国经济的快速发展为建筑行业的发展奠定了坚实的基础，房屋建筑的功能也更为全面。但是天然地基具有的强度、承载能力较为薄弱，因而要选择可行的基础加固处理。现阶段常用的是泥浆护壁钻孔灌注桩技术，利用其可以使天然地基、人工地基整合为一体，具有的性能会有大幅改善。此项技术的适用性较强，黄土层以及坚硬土层均能够得到有效处理，保证地基加固效果达到预期。在展开施工的过程中，应该选用适宜的钢筋笼、混凝土，以保证地基更加稳定，性能也会得到优化。此项技术有着自身的优势，操作并不复杂，投入的成本也不高，而且对机械设备的要求较低，然而需要指出的是，为了保证技术应用效果达到预期，必须确保钢筋、混凝土具有良好的性能，相关人员应针对混凝土进行检查，保证质量、性能满足实际需要。除此以外，钢筋质量也必须达到标准要求，以使加固目的顺利达成。在科技水平大幅提升之际，泥浆护壁钻孔灌注桩技术也得到了完善，一些更为先进的机械设备得到应用，智能化、集成化水平大幅提升，这就使得地基加固处理的实际效果更为理想，而且应用范围得到进一步拓展。

（二）静压力桩技术

在展开现代房屋建筑施工时，静压力桩技术的应用是较为常见的。简单来说，就是要对配重装置、静压力桩设备加以合理应用，确保桩基能够顺利进入地基。此项技术有着自身的优势，施工时并不会产生较大的噪声污染，混凝土、泥沙的实际用量也较低，对周边环境可以起到保护作用。与传统振动模式进行比较可知，静压力桩产生的噪声是非常小的，如此就可确保建筑施工不会对周边环境产生影响，广大群众能够保持正常的工作、生活状态。对此项技术加以充分利用，可以使环保目标切实达成，建筑行业也可实现可持续发展。对静压力桩施工技术加以分析可知，整个工艺并不复杂，所需的设备、人员较少，因而成本可控制在较小范围内。然而，施工效果较为理想，通过其能够使地基基础结构进一步优化，土体活动可以得到有效处理，这样一来建筑就会更加的稳定，使用安全也能够保证。另外，通过此项技术可以使建筑具有的承载力大幅提高，使用寿命得到延长，耐用价值自然就可得到保证。需要指出的是，静压力桩形成的整个过程显得较为复杂，因而要

将土层排列以及桩基数量作为关注的重点，由专业人员进行处理，以使技术应用的实际效果达到预期。

（三）IFCO 强制固结处理技术

在对地基加以处理时，IFCO 强制固结处理技术也得到应用，此种技术在固结速度方面具有明显优势。施工的过程中可对地基排水系统、加压系统加以充分利用，确保水道能够做到横纵连通，地基中存在的积水可以顺利排除，以保证地基土壤能够在短时间内固结，地基性能自然就可得到改善。

（四）水泥粉煤灰碎石桩与普通碎石桩结合技术

此种方法的应用原理和其他桩基法大致相同，简单来说就是将承载力向下传递，使地基基础具有的强度大幅提高。在对此种技术加以应用的过程中，材料获取并不困难，对土质条件也没有过高的要求，因而其应用范围较广。现阶段，建筑工程的规模较大，高度也在增加，因而在组织施工时必须保证浇筑桩更加的密实、均匀，并要针对施工加以严格管理，以使施工质量达到标准要求。

六、地基基础施工技术的创新措施

（一）土钉喷锚支护技术

对土钉喷锚支护技术加以分析可知，其呈现出自主制约特征，对其加以合理应用能够保证以下作用顺利达成。

1. 箍束骨架作用

土钉具有的强度、刚度，以及分布空间等会对箍束骨架作用起到决定性作用，并可保证复合土体形成整体，从而使土体破坏的发生概率大幅降低。需要指出的是，土钉喷锚具有一定的分担作用，土钉在抗弯、抗拉、抗剪等方面的强度会有明显提升，其实用性较高。

2. 应力传递与扩散作用

如果荷载明显提高，边坡必然会出现裂缝，而且其宽度相对较大，从而使坡脚应力大幅增加，此时，下部土钉就可将自身具有的抗力发挥出来。通过土钉可以使应力顺利传递，滑裂区域产生的应力能够传输到稳定土体当中，以保证应力不会出现过于集中的状态。

3. 对坡面变形的避免作用

将钢筋网喷射混凝土面板、土钉直接相连，并设置于坡面上，可以确保土钉产生更大的作用。通过喷射混凝土面板可以使坡面变形的发生概率降低很多，土体界面、土钉表面间具有的黏结强度也会有明显增大，进而保证面板可以得到有效约束。

（二）强夯法在地基基础施工中的应用

在地基处理期间，首先需要处理碎石桩，从而完成地基土排水固结的目标，随后再确定实际的强夯点。利用冲击力将碎石桩击散，随后将地面上的碎石沿着石桩的桩径填入土层中，从而使地基的密实度加强，使地基稳定的需求得以满足。在地基处理期间应用强夯法十分重要，对夯实的深度、次数和夯深量充分掌握，能够提升地基夯实的成效。夯击加固深度是以地基湿陷度、土层厚度为依据确定的。单位夯击量的确立，必须将夯击计划的深度和地基各类型结构荷载能力的大小作为依据。对夯击的深度和土壤的属性进行综合思考，才能够确定单位夯击量。

（三）碎石桩与 GFG 桩结合

桩体的浇筑工作对桩体的质量而言起决定性作用，能够对桩体的承受力产生直接影响。因此，相关技术人员必须加以重视，在施工开展期间，注意以下两点：①除防止防水材料孔壁积水外，对混凝土的质量也需要保障，促使其能够达到相应的标准；②在短期内应用串流筒下料、分层等方式进行桩体浇筑，必须规避水流渗入的情况，从而确保混凝土的坚实度。

（四）粉煤回填地基处理技术

对粉煤灰而言，高强的透水性是其最主要的特征。应用此特征，使粉煤灰在地基中起到填充的作用，加速土壤的固化。将加固的步骤省略，不仅能使成本降低，同时也能使工期缩短。此技术实施的重点是将淤泥与粉煤灰按照一定比例进行混合，之后再进行填补，但是要保证填补均匀，从而使地基的牢固性得到保障，应用此技术的最大优势是能够使有限的土地得到最大限度地开发与使用。

综上所述，房屋建筑地基基础工程是工程建设中一项具有复杂性高、潜在风险等特征的重要施工内容，对于工程的整体质量与稳定性起到决定性作用。因此，在施工中应认识到地基基础工程的重要性，并根据实际施工情况选择合适的技术手段，保障地基施工质量，为工程的后续施工提供坚实基础。

七、建筑地基基础施工质量控制要点

（一）建筑地基基础施工设计规划

在实际开展建筑地基基础施工前，施工团队应做好施工全过程的设计和规划工作，从而实现高水平把控地基基础施工质量的目标。为此，在建筑工程准备阶段，施工团队应把握好以下几个方面。

第一，搭建完成组织管理部门，提前准备施工材料和设备，做好相应的质量检测工作。第二，在制定施工质量把控策略时，应与工程本身的设计要求有机结合。第三，建立健全施工质量控制责任机制，并切实落实该机制。第四，派专人管理建筑地基基础施工，做到责任细分与责任落实，从根本上实现施工质量的优化。

另外，建筑团队还应加大力度管理施工原材料和施工设备。在购置材料的过程中，需要秉持品质良好、价格合理、性价比高的原则。材料选择完成后，还要使用稳定可靠的运输方式，避免运输途中导致材料损坏的情况。材料损坏不但会加大施工成本，如果施工人员疏于检查，还会导致问题材料流入工程项目中，最终影响地基基础的施工效果。

（二）建筑地基基础施工质量监督

在建筑地基基础施工期间，应建立更加完善的施工质量监督机制，强化控制施工全过程质量的力度，同时实现全方位监督与记录施工流程，以此达成地基基础施工规范化、标准化的目的。在建筑地基基础施工期间，如果发生高风险问题和违规现象，相关主体还需要及时整改。此外，施工团队应建立起建设责任逐层分析体系，只有工程项目中前一个施工工序的建设质量达到相关标准后，才可以开展下一个环节的施工，以此实现各个环节施工质量的优化。

在地基基础施工中，通常会使用一些较大规模的机械设备，若这些机械设备本身性能不佳，会直接影响建筑地基施工的整体质量，拖缓施工进度。因此，在地基基础施工质量监督期间，还应注重有效落实施工设备的检查工作，从源头避免产生安全隐患。

（三）建筑地基基础施工质量规范

在建筑地基基础施工期间，通常隐藏着较多影响施工质量的不良因素，包括一些不确定因素与人为因素等。基于这种情况，在日常工作中，施工部门应与施工质量管理部门之间建立更加紧密的联系，并提升管理工作的规范性与标准性。

同时，施工人员是建筑地基基础工程的实际落实主体，因此在工程建设期间还要真正贯彻落实施工质量的规范培训与教育工作，确保这项工作开展的常态化，不断提升技术人员与施工人员的能力，组建一支既有高水平专业技术能力又具备优良品质的施工团队。

在建筑地基基础工程施工过程中，还可能存在一些突发性问题，因此应将品质第一作为重心和原则，在工程实际开展建设前就规划好突发性问题的解决措施，并贯彻全过程管理。另外，建设团队还需要以地基基础工程施工现场的具体条件为依据，选择最恰当的施工设备与工艺方法，有效提高施工质量。同时，还应更加严格把控地基基础的施工流程和关键工序，通过提升每一个流程的建设质量，实现建筑地基基础整体施工水平的优化。

（四）建筑地基基础施工工程布置

在建筑地基基础工程施工期间，工程布置通常涉及用水布置、用电布置以及排水布置3个不同的方面。

第一，用水和排水布置过程中，首先施工团队应细致且合理划分施工期间各种用水途径的类别，如施工用水、机械用水等。在此基础上，施工团队应科学掌控具体的用水规模。其次，通过计算手段更加细致地分析用水情况，获取有关信息与数据，并在掌握施工用水规模的基础上了解相应的用水系数，实现对施工用水的合理布置。最后，在完成用水布置工作后，还应借助合理的供水管径，确保施工期间的供水、排水效果能够与实际建设需要和有关要求相匹配。另外，在施工场地中引入水源接驳点后，还应在接驳点周边尽量多设置一些集水池，以便充分发挥其加压供水的作用。

第二，在进行用电布置工作的过程中，相关主体应科学设计工程建设期间的用电情况，并有效掌握建筑物投入使用之后的用电需求，为提升后续工程建设和建筑物使用期间供电线路与配电线路设计工作的标准性创造良好的环境。

此外，还应以各个施工阶段的实际施工规模为基础，选取适宜的电力保护方法，为提升供电的整体效果提供保障。接地设施和配电箱的安装与使用，需要确保设计的合理化，避免施工人员在工作过程中遭遇安全事故，威胁人身安全。

例如，在配电箱规划过程中，应始终落实《施工现场临时用电安全技术规范》（JGJ 46—2005）中的有关细则规定，为提升配电工作的合理性提供更加有利的条件。需要注意的是，在进行电力布置的过程中，还应做好防雷和防火等相关工作。

（五）建筑地基基础施工材料控制

为了从根本上提升建筑工程地基基础的施工质量，还需要严格把控施工期间使用的建筑材料质量，这是保障地基基础施工质量的关键所在。一旦使用的材料质量存在缺陷，不符合有关标准，无论地基基础建设期间使用的施工技术和工艺水平如何高超，都无法提升建筑地基基础的施工质量。因此，负责采购施工材料的主体应充分明确自身责任，做好质量控制工作。

具体来说，可以从以下两方面展开。第一，在控制施工材料质量的过程中，应严格审核材料厂家的相关资质，确保其拥有足够健全的生产与经营证明。同时，还要尽可能选取熟悉的材料供应商，充分掌握其基本情况和信誉度，确保施工材料质量可靠。第二，做好材料的现场检测工作。如果发现施工材料中存在一些损坏、锈蚀或与施工标准不相符的材料，严禁进入施工现场。材料入场后，相关部门还需要做好抽样检测工作，并生成相应的质量检测报告，为后续的地基基础施工奠定坚实基础。

在建筑工程地基基础施工中涉及较多类型的施工项目，而一些施工项目本身的复杂程度较高，为了确保施工质量达到更高水准，需要注重地基基础施工中的质量控制工作。在此期间，相关主体尽可能做到动态化、全过程控制，同时立足于工程本身的特点与建设需求，开展高水平的设计规划、质量监督、进度控制以及工程布置等，从根本上实现建筑地基基础施工的优化，为建筑物整体的建设质量和投入使用之后的性能奠定坚实基础。

八、建筑地基基础检测方法

建筑地基根据建设区域土质特点和地势特点的不同需要采取不同的地基施工方法，地基结构特点也存在显著差异，进行地基基础检测的主要目的是检验地基结构的强度和荷载能力，确定其是否能够满足上层建筑的荷载需求，保障建筑结构的稳固性，对检测结果的准确性具有较高要求。但实际上，地基基础检测会受到诸多因素的影响，致使检测结果缺乏可靠性。为此，研究地基基础检测要点问题具有积极意义。

（一）地基基础检测方法

目前来看，根据地基施工方法的不同，可以将地基基础分为天然型地基、人工挖桩地基和复合地基三种类型。由于每种地基基础的施工工艺不同，在进行检测时也需要根据地基基础的特点选用不同的检测方法。

1. 天然型地基的检测方法

针对天然地基的检测相对简便，无需借助多种检测技术，只需参照地层勘察报告中有关持力层的相关指数和数据与地基勘察数据进行对比即可。由于天然地基的地基结构较为稳定，两个数据很少出现较大偏差。但当地基施工区域的条件相对复杂时，则无法直接参照勘察数据，需要对地基进行仔细勘验，尽量保障检测结果的准确性。常用的检测方法包括静压检测和低应变检测法等。

2. 人工挖桩地基的检测方法

人工挖桩地基与天然地基的主要差异在于基底层与上层覆土层的分区十分明显，这也意味着对持力层的检测十分方便，但当遇到相对复杂的岩层结构时，也会加大持力层检测的难度。尤其是当地基基础中夹杂着较为软弱的土层时，需正确区分持力层的位置，有效确定软弱土层的分布状况，对地基基础的荷载能力有较为全面的了解。无论是普通的楼层建筑还是高层建筑，地基基础薄弱都是十分危险的因素。因此，在进行地基基础检测时需要尽量考虑到最严重的风险问题，并对相关检测参数进行多次核对，保障检测结果的准确性。在人工挖桩基础检测中常用的检测方法为高应变法、低应变法和换填垫层法等。

高、低应变检测技术是相对而言的，其中的低应变检测技术指的是通过激振的方式检测桩身的完整度，判断其是否存在缺陷问题的一类检测技术。常用的激振方法为反射波法，主要通过在桩顶进行竖向激振产生弹性波，并使弹性波向桩身延伸和传播，当桩身截面出现变化时，弹性波会由于阻抗作用发生变化，产生反射波，此时便可通过传感器接收反射信号，对反射信号进行数据处理后，可以及时了解桩身的缺陷问题。而高应变检测方法是在桩身顶端施加一个冲击力，根据这一冲击力在桩身的贯入度和波动理论检测桩身是否完整。

3. 复合地基的检测方法

复合地基是指通过特定的手段将地基结构中的部分土体结构增强来提升地基荷载能力的一种地基施工手段。在针对此类型的地基基础进行检测时，需要根据所用施工手段，选择对应的地基检测方法。例如，对采用强夯手段和换土法处理的复合地基需要采用动力触探检测方法。又如，对采用搅拌桩以及碎石桩等处理的复合地基则需要采用荷载测试方法。在实际施工中，需要根据地基检测结果确定接下来的作业内容，当出现荷载能力不足或者地基强度不足的情况下，则需再次进行地基处理，直至地基结构满足后续的施工需求。

动力触探检测主要是借助重锤将特定规格的探头打入土中，通常打入 30cm，计算所需的锤击次数，以此明确土层的力学特征。该种检测技术根据重锤质量的不同被分为轻型、重型和超重型几类。在实际检测工作中，可根据地基基础的土层特征选择特定的落锤质量。其中，轻型重锤适用于粘土土质和沙土土质的地基基础结构，而重型和超重型动力触探则分别适用于砂土或者砾卵石的地基基础检测。荷载试验又指静载荷试验，主要通过对桩顶施加轴向压力、轴向上拔力以及与标高相同的水平应力检验桩身变化。主要用于判断桩身的沉降量、上拔位移量和水平位移量。通过对荷载与位移关系的数据分析，能够绘制出 Q-S 曲线，以此来反映桩身的抗压承载力和水平承载力等。

（二）地基检测过程中应关注的要点问题

1. 人工挖桩地基检测中应关注的主要问题

总结前期的地基检测经验，在人工地基检测过程中常见的检测问题为并未正确区分试验基桩和竣工验收工程桩的检测目的，致使所采用的检测技术不够合理，对基桩检测结果造成极为不利的影响。在今后的地基检测工作中，要求相关检测人员能够正确区分二者的差异，并且明确检测目的。针对试验桩基桩的检测，为了解特定基桩的设计参数是否与施工工艺相符，通过多方数据比对找出最佳基桩施工参数，全面提升基桩施工质量，满足地基基础的施工要求。而竣工工程桩的检测主要是对基桩的质量进行检验，查看其质量参数是否与工程设计方案相符。竣工检测作为地基基础质量控制的重要环节，通过对试验桩基桩的检验以及对工程桩的抽检，可在一定程度上提升地基基础结构的施工可靠性。

2. 低应变检测过程中应关注的要点问题

在地基基础检测工作中，为了降低检测过程对地基结构自身的影响，保障桩结构的完整性，通常会采取高、低应变法以及声波透射法等无损检测措施。实践证明，这几种检测技术既存在一定的检测优势，又存在一定的不足。为了达成更好的检测效果，通常建议采用两种或者两种以上检测方法。而目前大部分施工单位均对低应变法产生了较大依赖，并未考虑低应变检测技术存在的不足。有很大部分检测人员不合时宜地采取低应变检测手段，导致检测结果并不能真实反映地基基础的质量问题。因此，在今后的地基基础检测工作中，应参照相关建筑基桩检测规范，合理选用检测手段，并且根据地基基础结构特性以及施工工艺的不同对检测指标进行合理选择，尽可能保证检测结果的准确性。

3. 换填垫层检测过程中应关注的要点问题

换填垫层检测技术在一些低层建筑的基础检测工作中较为常用。而部分低层建筑物对基础结构的荷载能力要求并不高，此时无需进行换填垫层检测，只需进行静力触探检测或者动力触探检测即可。当建筑结构的上层荷载压力较大时，则对地基基础结构的荷载能力提出了较高要求。此时，需要对地基基础进行荷载试验，检验地基基础的荷载能力。在此过程中，需要结合地基基础的深度进行荷载能力检验，如不考虑地基基础深度，则会影响最终的检测结果。需要特别注意的是，荷载试验过程中的试验深度必定要超出换填垫层处理深度。同时，确保荷载试验所选用的压板规格能够满足特定需求，即试验压板边长以及直径均要超出垫层厚度的三分之一以上。可以认为，荷载试验时的压板规格与换填垫层的厚度直接相关。

4. 地基基础竣工检测阶段应关注的要点问题

在地基基础施工完成后，为了检验地基基础质量，通常会采用静载试验的手段检验地基基础结构的承载能力。需要特别注意的是，对于静载试验时的加载量要进行科学控制。一旦静载试验的加载值设置不当，便会导致静压检测结果不合理。通常来讲，需要将最大加载量控制在初期设计荷载数值的二倍以上，并增加一个等级，此时实现对整个地基基础结构荷载能力的有效检验。

5. 其他需要关注的要点问题

目前来看，灌注桩施工过程中采取压浆处理的手段能够有效提升灌注桩的承载能力，在现阶段还没有较为可靠的检测手段针对压浆处理后的灌注桩荷载能力进行检验。但一些实践施工经验表明，采用桩端和桩侧后部位压浆处理的手段较基桩压浆处理手段相比，其承载能力超出两倍左右。因此，可以认为压浆处理工艺是提高地基基础承载性能的关键。但由于缺乏有力的检测技术作为支持，很难保证该类技术的大范围推广与应用。因此，在今后的地基基础检测工作中，应注重对压浆处理工艺施工后灌注桩承载能力检测技术的研究。通过多方实践与检验提高检测技术的可靠性，使其能够为今后的地基基础施工提供可靠的检测技术保障。

另外，为了保障地基基础检测结果的可靠性，所选用的检测计量器具也必须符合实际检定需求。如荷载检测传感器，要求对其测量误差进行合理控制，最大误差应小于1%。对压力测试中所使用的压力表则要求其精度在0.4级以上。沉降测试中选用的位移传感器测量误差应控制在1%以下。地基基础检测中，对各类计量器具产生了较大程度的依赖，如果计量器具的精确度难以满足实际需求，则会影响最终的测量结果。因此，在地基基础测量工作中，还需关注各类测量计量器具的准确度。

地基基础检测的主要目的是提高地基基础施工质量的可靠性，为后续建筑施工奠定良好基础。为了保证检测结果的准确性，应结合以往的地基检测经验，对各类检测技术中存在的不足和需要关注的问题进行重点明确，合理划分地基检测技术的应用范围，使其在地基检测工作中均能发挥作用，及时查处地基施工的质量问题，促使相关人员根据地基质量的检测结果进行返工处理，进一步提升地基基础的施工质量。

第六章　砌体结构和钢结构设计及优化

第一节　砌体结构

当前，房屋建筑施工技术十分成熟，其中的砌体结构被大量应用于工业建筑、民用建筑和农业建筑等。砌体结构主要包括砌块、砖砌体以及石砌体，是由砂浆和块体构成的墙体、柱体等建筑物主要受力构件。但砌体结构的材料多属脆性，抗拉、抗剪和抗弯强度均较低，抗震能力也不高。为了确保建筑物的安全性和耐久性，可采取抗震横墙加固技术、扶壁柱加固技术、复合截面加固技术和隔震结构加固技术进行处理。本节结合房建砌体结构的特点，介绍房建砌体加固的原则和技术。

砌体结构的出现伴随着社会文明的发展，是人类文明的见证者。从约旦河畔的公元前8300 年至公元前 7600 年杰里科遗址发现的泥砖到烧结砖，砌体建筑材料的生产及应用至今已有逾万年的历史。经历了两河流域、古埃及、古希腊和古罗马的演变，创造了辉煌的石柱文明，形成了"柱式"结构体系。这种结构体系的水平构件通过叠涩券逐步发展为形式多样、功能各异的拱券、拱顶和穹隆，突破了砌体材料力学性能的局限，使砌体建筑结构在高度、跨度和形式上均发生了革命性的变化，涌现出一批又一批融合了人类智慧和创造力的经典建筑，这些建筑代表了砌体建筑的辉煌艺术成就。

我国的砌体材料出现于7300 多年前，双墩文化中出土的红烧土被认为是最早的烧结砖。早期的烧结砖一般用于城墙、陵墓、佛塔等，到南宋时期开始大量采用砖砌的民用建筑，明清时期青砖被广泛应用在民居建筑中。20 世纪 50 年代我国陆续颁布了砌体材料产品标准和砌体结构设计与施工规范，推动了砌体结构的快速发展，成为我国主要的建筑结构形式，20 世纪末以砌体作为墙体的建筑达 90% 左右。20 世纪 90 年代开始，我国实行"禁止使用实心黏土砖"（简称"禁实"）和"限制使用黏土制品"（简称"限黏"）政策，2005 年全国住宅房屋建筑中，砌体结构占比下降到 61%，目前占有比例更低。尤其是汶川地震和玉树地震中大量未经正规设计和施工的民房倒塌引起人们对砌体结构的误解，随着我国城市建设朝高层建筑方向发展，导致适用于多层建筑的砌体结构处于窘境。

本节通过综述现有的调查研究成果，分析了砌体结构存在的问题，提出了应对措施和发展方向，以利于传承建筑文脉底蕴，使城市建设丰富多样。

一、砌体结构发展面临的困境

（一）"禁实限黏"政策限制了砌体结构的发展

20 世纪 90 年代初，普通黏土砖总量达 5253 多亿块，全国砖瓦企业 12 万多家，制砖多数采用小型轮窑，生产技术落后，生产效率低，浪费能源，排放不达标，污染环境。采用耕种农田制砖，原料来源单一，占用毁坏耕地现象严重。因此，国家相继出台"禁实限黏"相关政策，183 个城市将限制使用黏土制品，397 个县城禁用实心黏土砖，墙体材料中烧结黏土砖的比例逐年下降，砌体结构仅用于部分城镇建设中，退出了大城市建设的舞台。

（二）砖的质量差，外墙需要粉刷，无法体现砖砌体的精美特质

1998 年内蒙古自治区技术监督局对 6 个城市部分施工工地采用的烧结普通砖进行专项监督检查，39 个批次烧结普通砖中，劣质砖有 25 个批次，合格率为 35.9%，这个结果代表 20 世纪末全国烧结砖的质量状况。砖的质量差，耐久性受到影响，墙体外观质量不达标，只好采用内外粉刷，采用涂料或瓷砖进行二次装修，掩盖了砖砌体的天然特征。

（三）未经正规设计和施工的砌体建筑抗震性能差

震害调查表明，1976 年唐山地震中烈度为 10 度、11 度区的砖混结构房屋倒塌率为 63.2%，2008 年汶川地震中倒塌的 700 万余间房屋中 80% 是砖砌体农房。这些未经正规抗震设计、采用劣质材料的砌体结构，在地震中破坏严重，使人们对砌体结构的抗震性能产生疑虑。

（四）城市用地紧张，挤压了多层建筑生存空间

由于城市人口增加、土地紧张、地价上涨，城市容积率日渐上升，城市建筑密度和建筑高度不断增加。据不完全统计，我国城市容积率从 1990 年的 0.31 增加到 2006 年的 0.52，城市高层建筑的快速发展，进一步挤压了以多层建筑为主的砌体结构生存空间。

二、砌体结构发展面临的机遇

（一）加强城镇绿色低碳建设的需要

高层建筑的建设成本、能源消耗、使用维护费用都高于一般的多层建筑，由于体量大、人口密度高，高层建筑在应急管理、公共卫生、城市配套设施建设方面带来新的难题和风险，大规模的高层建筑建设，淹没了城市丰富的建筑风貌。住房和城乡建设部等15部委于2021年联合发布的法规性文件，率先要求县城建设应保护历史文化风貌和原有街巷网络，新建住宅以6层为主，6层及以下住宅占比应不低于70%。量大面广的城镇多层住宅以及传统建筑风格要求，为砌体结构的发展提供了广阔空间。

（二）新农村大量低层建筑的需要

随着我国社会的快速发展，尤其是国家对农村建设的政策倾斜，农村新建住房数量持续保持逐年快速发展。但是，农村住宅的建造多数采用自建方式，没有按标准或规范进行设计和施工，很难保证质量。农村住宅一般为3层以下的低层建筑，房屋开间、进深、层高都不大，采用砌体结构建造这种低层住宅，取材方便、造价经济、构造简单、舒适耐用，只要加强管理能够保证房屋的质量。

（三）"双碳"目标对建筑的要求

根据中国建筑节能协会统计，2018年建筑全过程碳排放总量49.3亿吨CO_2，占全国碳排放的比重为51.3%，其中建材生产阶段和建筑运行阶段碳排放分别为27.2亿吨CO_2和21.1亿吨CO_2，占全国碳排放的比重分别为28.3%和21.9%，建材生产阶段中钢材、水泥和铝材的碳排放占90%以上，而现代制砖的碳排放相对较少。

欧美发达国家砌体围护墙仍然是现代建筑的主要形式之一，这是因为采用了优质保温隔热砌块，烧结砌块密度小于$800kg/m^3$，其导热系数可降低到$0.08W/m·K$。由于块体尺寸误差减少，灰缝厚度可减少到3mm，大大减少灰缝产生的热桥影响，使墙体的保温隔热性能得到很大提高。建筑维护结构节能效果提高可大大减小使用阶段建筑电耗引起的间接碳排放。

（四）砌体结构建筑的可持续性

可持续建筑旨在整个生命周期中节能、节水和节约资源，并提供热舒适性、声舒适性、良好的室内空气质量和吸引人的美学效果来解决居住者的健康问题。砖砌体建筑能满足可持续发展的要求，主要体现在：

（1）砖砌体集结构、装饰、隔声、保温隔热、防火和良好的室内空气质量于一体；

（2）砖砌体及其铺装系统有助于满足雨水管理、减少热岛效应、改善能源性能、声学性能、建筑材料再利用、建筑垃圾消纳等要求；

（3）烧结砖是一种多微孔的建筑材料，其湿传导功能可调节建筑物内湿度，具有"呼吸"功能，不需要油漆和其他饰面可减少由此产生的挥发性有机化合物，可以消除霉菌的来源，有助于改善室内空气质量；

（4）砖砌体具有耐久性，砖古建筑的寿命可达数百年，且砖建筑通过简单修缮再使用，延长了使用寿命，减少其对环境的影响。

国内外学者普遍认为制砖的原材料黏土或页岩是丰富的自然资源，不会造成环境资源的破坏，生产砖的丰富的材料资源比水泥主要原料的石灰石更具备可持续性。

（五）砌体结构建筑具有良好的应用前景

由于砖具有长寿命、灵活性和持久的色彩，砖的模块化和组砌方式可以建造各种风格的建筑，不同历史时期的砖建筑始终是最具有吸引力的，现代居住建筑、学校建筑、办公建筑等应用效果也非常好。采用砖砌体建造的北京保利·熙悦林语商业中心和浙江大学国际校区（海宁）分别获得 2020 年美国砖工业协会金奖和银奖；云南红河州弥勒市的东风韵特色小镇的建筑、景观、道路和广场采用烧结砖建造，展示出红土地上原生态艺术特点，其中的弥勒美憬阁酒店获得 2021 年全球酒店设计领域最具影响力 HD Awards 奖；采用烧结砖砌体外墙的钓鱼台七号院，荣获 2009 首届"中国国宅大赏"奖。烧结砖的表皮功能，让传统建筑美学和现代城市人文达到了和谐统一，深受广大建筑师和用户的认同。

三、砌体结构发展的方向

（一）高性能砌体材料

随着新世纪建筑节能和绿色建筑的进一步深入，烧结装饰砖、烧结保温砖/砌块、复合保温砖/砌块等在建筑市场得到的广泛应用，采用保温砂浆砌筑的厚度为 240mm 和 370mm 保温砖墙体传热系数分别降低到 $1.07 \ \mathrm{W/m^2 \cdot K}$ 和 $0.469 \mathrm{W/m^2 \cdot K}$，为砌体结构的发展奠定了良好的基础。

进一步发展装饰、承重、节能一体化的高性能砌体材料，其主要包括如下性能要求。

（1）块体几何尺寸误差小：长度小于 100mm 的尺寸误差应小于 ±1mm，以保证墙体砌筑后外表平整，砂浆缝厚度均匀，墙面美观，提高砌体抗压强度，为采用 3mm 厚的薄灰缝砌筑创造使用条件。

（2）块体颜色、纹理丰富多彩：烧结砖的颜色和纹理的多样化，为建筑师发挥表现力提供可能。

（3）良好的热工性能：块体的导热系数不超过 0.20W/m·K。

（4）良好的抗风化性能：内、外墙砖/砌块的 5h 沸煮吸水率分别不超过 15% 和 10%，并不出现泛霜现象。

（5）块体强度等级高：用于承重墙和自承重清水墙的多孔砖和砌块强度等级分别不小于 MU20 和 MU15，用于自承重墙的空心砖和砌块强度等级分别不小于 MU15 和 MU10。

（6）合理的块型和表观体积密度：块体外壁和肋厚应满足我国有关标准要求，承重和自承重块体孔洞率分别不小于 30% 和 50%，表观体积密度分别不大于 1100kg/m³ 和 800kg/m³。

（7）保温砂浆和薄灰缝砂浆：保温砂浆导热系数不超过 0.2W/（m·K）。

（二）固体废弃物资源化利用

随着我国工业化、城镇化进程加快，大宗固体废弃物逐年增加。到 2019 年，煤矸石、粉煤灰、尾矿、冶炼渣、工业副产石膏、建筑垃圾、农作物秸秆等 7 类主要品类大宗固废产生量达到 63 亿吨，其中地下工程弃土已成为当前城市建设的一大难题。大宗固体废弃物产生和堆存占用大量土地，污染环境。国家颁布了《中华人民共和国固体废物污染环境防治法》等法律法规，国家发改委于 2019 年和 2021 年印发《关于推进大宗固体废弃物综合利用产业集聚发展的通知》《关于"十四五"大宗固体废弃物综合利用的指导意见》《关于开展大宗固体废弃物综合利用示范的通知》，科技部将固废资源化纳入国家重点研发计划，砌体材料在固废利用方面取得了大量研究成果，并建立了一些生产基地。

1. 煤矸石

利用煤矸石自身的发热量提供的热能来完成干燥和焙烧的工艺过程，基本不需外加燃料，真正做到"制砖不用土，烧砖不用煤"，节省能源。利用全煤矸石烧砖技术在欧美等国已非常普及，我国在学习国外先进技术基础上，已生产出了装饰砖、保温砖等高档次砌体材料。

2. 粉煤灰

我国蒸压粉煤灰砖的生产与应用，具有中国特色和自主知识产权的新型墙体材料和生产技术，目前已非常成熟，并得到广泛应用。蒸压粉煤灰加气混凝土制品由于其良好的保温隔热和轻质性能，成为我国自承重墙的主要砌体材料。粉煤灰还可以与页岩、江河淤泥等混合制成烧结砖。

3. 建筑垃圾

利用建筑垃圾中的废弃混凝土、废弃砖石可以用来制作混凝土砖与砌块。采用高石英含量的建筑渣土、建筑废玻璃和高炉渣为原料制备高性能烧结砖，其抗压强度达89.37MPa，24h 吸水率为 16.64%，密度为 1630kg/m。此外，建筑渣土还可以用来制作免烧渣土砖，地下工程弃土可以制作烧结砖，将城市生活垃圾燃烧后的渣料与页岩制成砖坯，燃烧时产生的热量用来制砖。

4. 淤泥

利用污泥和建筑废弃物制备烧结砖，烧结砖中污泥最佳掺量为 9%，冲头压强为16MPa，烧结温度为 1050℃ 左右时，烧结多孔砖平均抗压强度大于 11.2MPa。

5. 尾矿和冶炼渣

可利用铁矿尾矿制备烧结多孔砖，采用钢渣-尾矿生产蒸压砖，产品抗压强度达到15MPa 以上。

6. 工业副产品石膏

石膏产品因其良好的环境和防火性能，是最受欢迎的建筑材料之一。我国的火力发电每年排放大量脱硫石膏，采用脱硫石膏生产的砌块，符合欧洲标准 EN 12859∶2011 要求，密度平均值为 1230kg/m3，抗压强度为 14.5MPa，满足国际市场需求。

鉴于我国建材、建工分开独立管理制度，两部门应共同研究各种固体废弃物砖/砌块的物理力学性能，解决建筑节能、承载力、耐久性和裂缝等问题，完善产品、建筑、施工标准等，提高产品的市场竞争力和先进适应技术推广。

（三）砌体结构适用范围与标准

随着我国经济实力的不断发展和新材料新结构的不断推出，大开间房屋已主要采用混凝土结构或钢结构，但砌体结构仍是开间较小刚性方案房屋较好的结构形式。

超 100 年的厦门鼓浪屿清水砌体建筑以及国内很多近代砌体建筑仍然充满着生机，得益于砌体的良好装饰性和耐久性。我国目前砌体标准对清水砖墙的设计和质量要求规定不足，为减少砖对铺砌新鲜砂浆吸水，确保灰缝饱满，现行砌体施工规范规定，砌筑前应对砖进行浇水湿润，这会导致清水墙出现严重泛霜而影响美观，国外往往采用限制砖的初始吸水率来控制，国内也有学者专门研究过，完全有条件做到不预先浇水砌筑。

（四）提升砌体结构抗震性能

我国利用 1976 年唐山地震震害调查结果，提出了设置钢筋混凝土圈梁-构造柱的约束砌体结构抗震体系，大大提高了无筋砌体的变形能力，改善了无筋砌体房屋的抗震性能，这种体系首次被我国 1989 版抗震设计规范采纳。通过芦山地震震害调查表明，约束砌体结构基本完好。我国首创的约束砌体抗震体系施工方法简单、抗震效果良好，被欧盟、秘鲁、巴西、阿根廷等多个国家砌体结构抗震设计规范中所采纳。

试验研究表明，水平灰缝配筋砌体、带构造柱-圈梁的水平灰缝配筋砌体和配筋砌块砌体具有良好的抗震性能。采用该技术在哈尔滨建成了 28 层、高度为 98.8m 的科盛大厦办公楼，是目前世界上最高的砌体结构房屋。

采用橡胶支座隔震技术的村镇低矮砌体结构房屋振动台试验研究表明，模型隔震结构在相当于 10 度设防的地震动激励下，没有开裂和破坏，支座复位情况良好。虽然隔震结构的造价略有提高，但其抗震性能和性价比大幅提升。

我国 20 世纪 80 年代以前建造的砌体结构房屋，多数未采取抗震措施或者抗震措施不够，城市建筑基本都进行了抗震加固，但广大村镇建筑仍是抗震的薄弱环节，需重点加强地震多发区域村镇建筑的鉴定与抗震加固工作。

（五）村镇低层砌体建筑简化建造

我国现行《砌体结构设计规范》（GB 50003—2011）、《建筑抗震设计规范》（GB 50011—2010）、《砌体施工质量验收规范》（GB 50203—2011）等砌体结构标准应用时，需要工程技术人员具备扎实的专业理论知识和工程实践经验。对偏远地区农村的低层砌体结构住宅建筑，2005 年住建部发布了《小城镇住宅通用（示范）设计》（05SJ917），便于农村初级技术人员在农村自建房时采用。由于这种示范设计的户型尺寸都做了严格规定，不能满足使用者对建筑的个性需求，从而推广应用效果不显著。

国外常常在标准和法规两个层面对偏远农村地区低层砌体结构建筑提出简化的技术要求。英国 BSI 颁布了一套系列标准《低层房屋设计标准》（BS 8103），澳大利亚 SA 颁布了《小型建筑中的砌体》（AS 4377），欧盟《砌体结构设计规范》（EC6）第 3 部分也专门对低层房屋的设计和施工做了简化。而且，在技术法规《英国技术准则 A：结构》中不仅引用这些标准成为强制性法规，而且在这些技术法规中还专门做了进一步简化。这些标准或法规规定，只要建筑层高、总高、开间进深尺寸等符合条件，只需要按规定选择材料、墙体厚度和高度，并满足一定的构造要求，无需进行设计计算，保证了偏远地区农村低层砌体建筑的质量和安全。

国内的学者对低层砌体结构房屋建造进行简化研究，取得了丰硕的成果，值得在偏远农村地区推广应用。

（六）发展复合墙体和配筋砌体

复合墙体有夹心墙和饰面墙两种形式。夹心墙内外叶为砖或砌体，夹心层为钢筋混凝土，这种墙体的受力特点类似组合砌体，三者共同工作，有良好的受力性能，且内外表皮可以起装饰作用，但不能满足建筑节能要求。饰面墙外叶为起装饰作用的烧结砖砌体，内叶为承重结构（砖砌体、砌块砌体、钢结构或混凝土结构）夹层中设置保温层、防水层和空腔，饰面墙外叶不承担主体结构荷载，但风荷载和地震作用会在墙体平面外产生作用力，需要设置足够的拉结件传递，我国学者也对这种拉结件的锚固和传递面外荷载的能力进行了研究。这种饰面复合墙不仅装饰效果良好，而且可采用调整保温层材料和厚度，满足不同地区的保温隔热要求，其防渗、冷凝、耐火、隔声等性能也十分优越。

配筋砌块砌体在纵横连通孔洞内配筋并灌芯后形成，具有和混凝土剪力墙等同的良好力学性能，而且由于混凝土砌块的干燥收缩大部分在砌块养护期间完成，墙体干燥收缩和徐变变形较现浇混凝土小，配筋混凝土砌块砌体墙的配筋率小于现浇混凝土剪力墙，从而达到节约钢筋的目的。这种结构体系适用于中高层及高层建筑，已在我国黑龙江地区广泛应用，受到用户欢迎。

（七）装配式砌体结构与智能建造

通过采用工业化生产，装配式砌体结构能够满足承重和围护的技术要求，且显著提高整体建筑施工效率、质量和经济效益。与传统砌体建筑相比，装配式砌体建筑在节能和二氧化碳排放方面可以节约近30%和15%。

在德国，采用由黏土砌块制成的预制砖墙板被认为是一种经过实践验证的施工方法，施工时间短，施工成本低，砌体质量高，尺寸精度高，生产不受天气影响。预制砌体构件在工厂采用机器人完成，砌筑采用薄层砂浆或聚氨酯黏合剂。

由于装配式配筋砌块砌体结构预制构件的孔洞率大于50%，预制构件重量大大减轻，比预制混凝土结构的安装效率大大提高；预制墙板采用对孔砌筑，竖向钢筋在施工现场安放，克服了预制混凝土剪力墙竖向钢筋连接的困难；预制砌体构件不需要模板，可以做成"一"字形、T形、⌐形等截面形式，有利于预制构件标准化。我国在这方面做了有益的尝试，取得了很多宝贵经验。

装配式砌体结构在我国还有许多问题需要解决。一是要发展高性能砖和砌块，满足装配式墙体的尺寸误差和力学性能要求；二是要发展砌筑与切割机器人生产线；三是采用

BIM 技术，通过现代通信技术和物联网，利用智能建造的方式管理构件预制、运输、起吊、安装、验收等建筑施工全过程。

砌体结构有着几千年的辉煌成就，但是由于社会的不断发展，现代砌体结构的发展面临着难题。我们要与时俱进推动砌体结构高质量发展，多源开发固体废弃物，因地制宜发展高性能砌体材料，充分发挥砌体结构的天然优势和热工性能，为城乡建设增添丰富多彩的结构形式。

四、房建砌体结构的特点

（一）房建砌体结构的优点

房建砌体结构的优点主要体现在以下四点：

（1）对砌体材料的要求不高，一般可以就地取材，来源十分广泛。例如石材、砂石、黏土等均为天然材料且分布范围广泛，即便是砖块，也可以利用黏土烧制而成。木材、钢筋、水泥等所需原材料的价格不高，加上很多工业废料可以反复使用或二次加工，均可以作为砌体结构的原材料，因此施工单位不需要特别忧虑原材料的寻找、加工及购买。

（2）砌体结构有较高的耐火性与耐久性，主要是因为构建材料的性质导致。例如在我国很多的古建筑物中就使用了大量的砌体结构，它们长期暴露在空气中却能够长久保存下来，正是因为这一结构的材料有较好的隔热性与稳定性。

（3）砌体结构的造价适合。相比于混凝土结构，其造价更低的原因主要是：①材料便宜，便于寻找和加工；②在施工过程中不需要用特殊的设备器械，也不需要额外的模板，可以大大节省这方面的费用，且在施工完成后也不需要进行长时间养护，节省了养护的时间与耗费的人力、物力。

（4）砌体结构有较好的隔热性、保温性和隔声效果，主要是因为其材料坚硬，所以应用砌体结构可以很好地满足建筑各项功能指标。

（二）房建砌体结构的缺点

房建砌体结构的优点主要体现在以下四点：

（1）砌体结构施工均需要手工方式操作，因此需要耗费大量的人力，耗费时间长且工作效率很难提高，因此在未来的砌体结构施工中，仍旧需要大力推广工业技术，以逐步提高施工质量。

（2）砌体结构有过大的自重，由砌体结构所构建而成的墙体、柱体等建筑物支撑物的截面尺寸大，需要耗费的材料多，从而导致房屋建筑有较大自重。一般情况下，砌墙的重量约占整个建筑物的一半。

（3）砌体结构各材料之间的黏接性不强，主要是受到材料本身的影响，尤其是无筋砌体，其抗震效果会更差，且抗拉、抗剪性能也不高。

（4）砌体结构的延展性与抗剪性都不高，不适合地震频繁地区使用。

五、房建砌体加固的原则

（一）材料的选用和取值

在房建砌体加固时，如果原材料的种类、性能和原设计相符，则选择加固材料时应当严格遵循原设计；如果原材料本身便没有设计规律可循，则应当根据砌体结构材料的等级、强度重新测量，并参考行业现行规范重新判定和取值。

（二）结构体系总体效应

房建砌体加固一般针对已经发生问题的构件进行施工，但在实际施工时却并不能仅仅考虑发生问题的构件，应当综合考虑结构体系的总体效应，以确保加固完成后不会影响到砌体整体结构。

（三）先鉴定后加固

在明确加固方案之前，施工人员应当详细检查现有砌体结构并深入了解结构的受力情况，以确保加固方案的科学性与实用性。

（四）加固方案优化

在优化加固方案时，施工人员首先需要考虑砌体结构的现状及加固受力点，然后结合结构整体来考虑加固后的合理性与有效性，并在施工全过程中综合考虑施工特点、综合经济指标以及技术水平，确保在施工中最大限度地减少对周边结构及环境的负面影响。

六、砌体结构加固工程的施工技术

（一）抗震横墙加固技术

该技术主要针对砌体结构抗震能力较弱的问题，可以帮助原本的砌体结构抵抗地震或其他震动所产生的荷载，以减少墙体破坏、开裂、坍塌等问题。通过横墙加固可以进一步增强砌体结构的抗震效果，具体施工要点如下：

（1）根据砌体结构的实际情况确定需要增设横墙的数量，具体可以通过计算建筑物的整体受力和抗震横墙面积率来完成，尽可能用最少的横墙来达到最佳的加固效果，降低不必要的材料与成本消耗。

（2）需要保证抗震横墙的厚度，一般需超过 24cm。

（3）同时抗震横墙顶部可以通过加入细石混凝土等材料，并联合底部做好与原本结构纵墙的拉结处理。

该技术多用于抗震墙不多、抗震墙之间有较大间距的砌体结构，其加固的作用就是提高砌体结构的抗震效果。

（二）扶壁柱加固技术

该技术是通过加大砌体结构的截面面积来起到加固效果，和我们常用的钢筋混凝土外层加固方法类似，但通常用在非地震频繁地区，主要是因为承载力无法完全提高的原因，因此无法有效提升砌体结构的抗震能力，只属于砌体结构间接加固技术。常用的施工方法有两种：

（1）预应力撑杆加固法。该方法可以有效提高砌体结构的承载力，适合用在高应力、高应变状态的砌体结构加固中，但如果砌体结构施工过程中的温度超过 600℃，则无法适用。

（2）无黏结外包型钢加固法。该方法适用于实际情况不允许增大原结构截面尺寸，但需要提高截面承载力的砌体结构施工，该方法较为传统，因此便于施工，对工人的技术要求不高，施工量特别是湿作业量较少，但加固成本较高。

（三）复合截面加固技术

该技术可以改变原本砌体结构的截面，以此来增强结构的抗震能力，常用的施工方法有两种：

（1）水泥砂浆加固法。该方法主要是将水泥砂浆或钢筋网片水泥砂浆涂抹到砌体结构表面，使其凝固形成一层较为坚硬的面层，以此来增强墙体的抗震能力。

（2）混凝土板墙加固法。主要是在墙体侧面支模，喷射或浇筑混凝土，以此来形成混凝土板墙加固层，起到支撑原本砌体结构的效果，在提高承载力的同时还能有效预防墙体开裂。

（3）比较上述两种施工方法，第二种显著优于第一种，其适用范围更广，施工方法也更加简单，适用于各种需要加固的砌体结构。需要注意的是，如果选择第二种加固施工方法，可能会在施工过程中对周边环境产生影响，后期养护也需要花费一定精力，因此施工单位需要根据实际情况来选择具体加固方法。

（四）隔震结构加固技术

上述三种技术的施工整体思路都是增强结构自身的承载力及强度，使砌体结构可以更好地抵抗地震或其他外力，而隔震结构加固技术则是在建筑物结构中加入隔震或减震的垫层，当地震或其他外力来袭时可以通过垫层来有效卸力，减弱作用力上传对砌体结构造成的破坏，使砌体结构更加安全可靠。在具体施工时，施工单位首先需要结合施工地质条件、地震烈度等级评估以及作用力传导特点等详细资料来明确隔震结构的材质及厚度，常用的材料为叠合橡胶，可以收获较好的抗震效果；然后需要完全切开砌体结构的基础层和上部结构，将带有阻尼效果的叠合橡胶垫加入其中，形成隔震层，并注意不得对原本的基础层和上部结构造成破坏，只有上部结构整体性良好，才能确保加固效果，而如果原本砌体结构的上部结构就不稳定，使用该技术加固施工也无法达到理想的加固效果。另外，该技术属于当前较为先进且抗震有效的施工加固方式，但在实际应用中仍存在一些问题，因此实际应用并不多，主要是：砌体结构大多刚度较高，自振周期不长，通过改变其自振周期来提高抗震效果很难达到理想效果；与常规加固技术相比，需要花费的人力、物力与资金更大。因此为了进一步提升隔震结构加固技术的经济适用性及安全可靠性，还需要继续进行大量的分析与研究。

综上所述，砌体结构在当前房建施工中应用较广，但其结构脆性强、坚固性不高，材料本身的延展性不高，很容易出现开裂、塌陷等问题，尤其是遇到地震或其他外力作用，需要采取有效的加固方式来提升其抗震能力，才可以充分保障建筑物的安全性，使其可以满足人们的居住需求。本节通过分析砌体结构的特点及加固原则，详细阐述了抗震横墙加固技术、扶壁柱加固技术、复合截面加固技术和隔震结构加固技术，其中前三种为常规加固技术，可以有效提升砌体结构的抗震效果，最后一种属于较为先进的加固技术，抗震效果显著但存在一些弊端，在使用前仍需要进一步研究和分析。另外，本节中所提到的四种技术用于房屋建筑中可以收获良好的抗震效果，但是否适用于古建筑中，仍需要相关工作者深入研究与探讨。

第二节　混合结构房屋

由于该类建筑物在设计时期没有考虑到今后的加层需求，所以对建筑物结构的整体刚度、承载力、变形和地基基础的实际承载力，必须进行可靠性、耐久性等技术鉴定和技术经济综合分析。

许多工程实例证明，仅重视建筑物上部结构的整体加固，忽视对基础的加固处理，通常会因地基变形引起建筑物基础不均匀沉降，从而导致上部结构产生破坏。因此，对基础的加固，应立足于地质钻探，并根据地质报告，结合原施工时的地质资料，提出方案比较，做出房屋基础加固的处理方案。

一、对建筑物地基基础的技术分析

建筑物地基基础的技术分析是通过查阅当时施工图、竣工图、地质报告、设计变更、施工记录、验收资料等。最主要的是对现场进行实地踏勘，重点对有问题和重要部位进行观察分析。掌握地基土层分布情况，了解原设计地基承载力和现时承载力变化的规律，基础不均匀沉降的情况，原有基础是否存在风化腐蚀和受地下水影响而产生变化等。

在上述资料收集的基础上，应对基础的变形、滑动、上部结构进行准确的评价，再根据各项结论对基础分别作出项目可靠性评定，为最终结论的准确奠定基础。

对基础作出可靠性分析的关键在于建筑物可靠性能否满足现行设计规范的标准。同时，重新对建筑物的整体耐久性进行测算，确定使用年限。

完成了上述必须细致的工作步骤后，就应该准确地作出加层可行性的最终结论。由于在加层过程中，加固后的基础是与上部结构建筑的结构协同工作的，所以，加层的结构要与加固的基础相协调，同时，基础也要适应上部结构的需要。

二、常用的五种基础加固方法

（一）转换建筑物承重体系法

一般的混合结构房屋多采用横墙承重体系，支承非承重墙的基础承载力一般多有富余。在进行建筑物加层时，可将加层部分的上部结构的荷载分布到原建筑物的非承重墙上，使加层部分的非承重墙变为承重墙，而承重墙变为非承重墙，从而改变了建筑物的整体承重体系，以便充分利用上部结构和基础承载力。如果加层部分采用轻质砌体材料，就有可能在不处理或少处理基础的条件下，完成对建筑物进行加层的目的。

（二）基础加宽法

加宽基础法是较常用的方法，该方法的关键是在于新旧基础的牢固结合，保证其能够完全成为一个整体，共同承受上部荷载。若原基础是砖石基础，应在基础顶部的墙体上，计算出合适的距离，凿洞加一小梁，再在基础两侧浇筑侧板，使之与原基础连成整体。若原基础为钢筋混凝土基础，则在原基础的底板凿去混凝土，突出底板主筋，增焊主筋，同时加宽加厚底板混凝土，必要时还应提高混凝土的使用标号。

（三）利用原地基承载力法

建筑物经过长时间地承受上部结构的荷载，地基的各土层已被压密，使地基承载力有了一定的提高，根据土层情况，上部荷载情况和建筑物使用年限，一般地基承载力可以提高约 15%~20%。若经过计算后，认为满足加层要求，则无需要对基础进行加固。但是，此类情况一般只适用于加层数量不多（只加建一层）和地基承载力有显著提高，同时加层部分采用轻型砌体材料的建筑物。

（四）爆扩短桩法

此方法是沿基础两侧布置爆扩桩，桩径一般为 φ250mm，桩距应根据上部荷载计算而确定，桩深一般以 3.0M 为宜，不宜过深，桩顶用穿过原建筑物基础顶的横梁联系，从而达到让上部结构的荷载通过横梁传递到桩上。也有一些工程实例是不做基础顶连梁体系的，爆扩桩只做到基础底，仅起到加固基础，提高承载力的作用。由于这种方法在施工过程中会产生一定的振动，所以仅适用于原有建筑物整体性良好的房屋。为了减少振动产生墙体开裂的负面影响，建议桩大头直径在确保完成对基础处理的前提下，不宜过大。

（五）灌注桩法

在加层的工程里，如果原基础是钢筋混凝土基础时，根据地基和荷载情况，可竖向布置桩，也可以斜向布置桩，桩径一般以 φ250~φ150mm 为宜，桩长不宜过长，应以实际计算确定。桩与原建筑物基础共同承受上部结构荷载，由于桩基承担了部分荷载，从而弥补了原基础承载力不足的问题。如果原建筑物基础是砖砌基础，则需相应地对原基础本身进行加固，再与新施工的桩联结，着重注意的问题是对原基础的整体加固。

三、混合结构房屋抗震设计

砖砌体混合结构房屋由于取材方便、施工简单、工期短、造价低等优点，是使用最广泛的一种结构形式，其中民用住宅建筑中约占 90%以上。由于其组成材料和连接方式决定了其脆性性质，变形能力小，导致房屋的抗震性能较差，因此改善砌体结构延性，对提高房屋的抗震性能具有极其重要的意义。

（一）混合结构房屋抗震设计中存在的主要问题

1. 结构布局的问题

结构平面形状不规则、不对称、凹凸变化大等。有的平面设计一边进深大，一边进深小；一边设计大开间，一边为小房间；一边墙落地承重，一边又为柱承重。底层作为汽车库的住宅，一侧为进出车需要，取消全部外纵墙，另一侧不需进出车辆，因而墙直接落地，造成刚度不均。

结构的竖向布置中，竖向体型有过大的外挑和内收，立面收进部分的尺寸与总尺寸比值 B1/B 不满足（B1/B≥0.75）要求。

2. 基础设计中的问题

规范规定同一结构单元中不宜采用两种类型的基础，有些房屋由于地质的原因，部分采用天然地基，部分采用桩基。

3. 上部结构问题

一个结构单元内采用两种不同的结构受力体系。如一半采用砌体承重，而另一半或局部采用全框架承重或排架承重；一半为底框，而另一半为砖墙落地承重，造成平面刚度和竖向刚度二者都产生突变，对抗震十分不利。构造柱布置不当。如外墙转角处、大厅四角未设构造柱或构造柱不成对设置；以构造柱代替砖墙承重；山墙与纵墙交接处不设构造柱。房屋超高或超层时有发生，尤其是底层为"家带店"的砖房。在"综合楼"砖房中，为满足部分大空间需要，在底层或顶层局部采用钢筋混凝土内框架结构。有的仅将构造柱和圈梁局部加大，当作框架结构。为追求大客厅，布置大开间和大门洞。有的大门洞间墙宽仅有 240 mm，并将阳台做成大悬挑延扩客厅面积；局部尺寸不满足要求时，有的不采取加强措施，有的采用增大截面及配筋的构造柱替代砖墙肢；住宅砖房中限于场地或"造型"，布置成复杂平面，或纵、横墙沿平面布置多数不能对齐，或墙体沿竖向布置上下不连续等等。

4. 其他结构问题

结构选型的问题。有的底层无横向落地抗震墙，全部为框支或落地墙间距超长；有的仅北侧纵墙落地，南侧全为柱子，造成南北刚度不均；有的底框和内框砌体住宅采用大空间灵活隔断设计，其中几乎很少有纵墙。采用钢筋混凝土内柱来承重以代替砖墙承重，实际上将砖混结构演变为内框架结构，这比底框砖房还不利，因内框砖房的层数、总高度控制比底框砖房更严，因此存在着严重抗震隐患。防震缝设置不合理。平面各项尺寸超过规范的限值、房屋有较大错层、各部分结构的刚度或荷载相差悬殊而未采取任何抗震措施又未设防震缝。墙体局部尺寸不满足限值要求。有些房屋承重窗间墙最小宽度小于 1.0 m（7 度设防）；承重外墙尽端至门窗洞边的最小距离小于 1.0 m；非承重墙外墙尽端至门窗洞边的最小距离小于 1.0 m，甚至只有几十厘米等情况，片面追求开敞明亮却忽视了房屋的抗震安全。砖房抗震设计中，未做抗震承载力计算的占多数，使许多砖房的抗震承载力存在严重隐患。砖房抗震设计中，抗震措施差别较大。如构造柱和圈梁的设置，多数设计富余较大，部分设计设置不足（含大洞口两侧未设构造柱）；抗震连接措施不完整或未交待清楚，有的设计不管具体作法和适用与否，全包在标准图集身上。

（二）提高砖房抗震能力的措施

我国建筑抗震设防的目标是三水准设防：小震不坏、中震可修、大震不倒。

1. 加强抗震概念设计

限制房屋的高度和层数。震害证明，砌体房屋的层数越多，高度越高，它的地震破坏程度越大，所以控制砖砌体房屋的总高度及总层数对减少震害有很大的作用。规范对多层砌体房屋的总高度和总层数有了强制性规定。

合理选择结构体系。应优先采用横墙承重或纵横墙共同承重的结构体系；同一结构单元中应采用相同的结构类型，不应采用混杂的结构类型。墙体布置应满足地震作用的合理传递途径。纵横墙应具有合理的刚度和强度分布，避免薄弱部位产生应力集中或塑性变形集中。

科学布局建筑平面和立面。建筑平面、立面宜尽可能简洁、规则，结构质量中心与刚度中心相一致。对于结构平面布置不规则的房屋质心与刚度中心往往不容易重合，在地震作用下会产生扭转效应，大大加剧地震的破坏力度。建筑立面应避免头重脚轻，房屋重心尽可能降低，避免采用错落的立面，凸出屋面建筑部分的高度不应过高，以免地震时发生鞭梢效应。建筑设计不应采用严重不规则的设计方案，即使不可避免时，也应尽量在适当部位设置防震缝。

值得指出的是，为了客厅开大门洞，不惜牺牲门间墙宽度的现象。这是对局部尺寸认识不足的概念设计问题，认为只要用扩大了的构造柱替代门间墙就没有问题了，因为砖砌体和混凝土的变形模量差别很大，虽然砖砌体与构造柱和圈梁可以协同工作，增加房屋的延性，但是它们不能同时段进入工作状态，在"中震"阶段的抗震承载力主要由砖砌体承担。因此，砌体结构中过多设置混凝土的杆系构件，其作用是有限的。

2. 加强抗震承载力验算

抗震计算是抗震设计的重要组成部分，是保证满足抗震承载力的基础。多层砖房的抗震计算，可采用底部剪力法。目前，多层砖房的抗震设计中，不做抗震验算是较普遍的现象，这样就必然存在既不安全又浪费的问题。抗震计算分析显示，一般7度区7层住宅砖房，底层混合砂浆的强度等级不能低于M10。

3. 重视抗震构造措施

合理的抗震构造措施，是多层砖房"大震不倒"的关键。

有效设置圈梁和构造柱。多次震害表明，圈梁和构造柱能使砌体的抗剪承载力提高10%~30%，提高砌体的变形能力，是提高房屋的抗震能力，减轻震害的一种经济有效的措施。圈梁的截面和配筋不宜过大，通常按规范要求的数值或提高一个等级就可以了。加强构件间的连接措施。需要采取措施的重要连接部位有：构造柱与楼、屋盖连接，构造柱与砖墙连接，墙与墙的连接，突出屋面的屋顶间的连接，后砌墙体的连接，砖砌栏板的连接，构造柱底端连接，女儿墙及悬挑构件等悬臂构件的连接等。合理布置纵墙和横墙。优先采用横墙承重或纵横墙共同承重的结构体系，纵、横墙的布置宜均匀对称，沿平面内宜对齐，沿竖向应上下连续，当纵墙不能贯通布置时，可在纵横墙交接处增设钢筋混凝土构造柱，并适当加强构造配筋。

混合结构房屋量大面广，是人类活动和生活的重要场所。充分认识忽视抗震设计的危害，重视砖房抗震设计，只要加强抗震概念设计、构造措施合理，混合结构房屋是具有足够的抗震能力的，就能使这类房屋的地震破坏降低到最低限度。

第三节 钢结构

随着我国的改革开放和经济的不断发展，我国的钢材年产量已连续多年超过1×10^8 t，成为世界上钢产量最多的国家，钢材产量的增长为发展我国的钢结构建筑事业创造了良好的时机。钢结构建筑具有轻质高强、力学性能良好、抗震性能优越、工业化程度高、施工速度快、外形美观、投资回收快、可再次利用及符合可持续发展政策等一系列的优点，近几年来钢结构建筑在我国出现了非常快的发展势头，应用范围不断地扩大，目前，我国钢结构建筑的发展处在建国以来最好的一个时期。但是，与国外的一些发达国家相比，我国在许多方面还存在着明显的差距，如美国、日本、德国等国家，在工程建设中广泛采用钢结构，钢结构建筑要占整个建筑的40%以上，而目前我国的钢结构建筑所占的比重还不到5%。由此可见，今后我国的钢结构建筑市场有着巨大的发展空间。

一、发展条件成熟

目前，钢结构建筑在我国发展较快不是偶然的，而且这种发展趋势将会持续相当长的一个时期，这是因为我国已经具备了长期发展而形成的基本条件。

（一）国家政策的支持

1997 年国家建设部发布《中国建筑技术政策》（1996~2010 年），明确提出发展建筑钢材、建筑钢结构和建筑钢结构施工工艺的具体要求，使我国的钢结构产业政策出现了重大转变，由长期以来实行的"节约钢材"已转变为"合理用钢"、"鼓励用钢"的积极的政策，这将进一步促进我国建筑产品结构的调整，使我国多年来由混凝土结构和砌体结构一统天下的局面，发生了向多种材料、多种结构合理使用的变化，开创了钢结构在建筑中应用的新时期。目前，我国建筑钢结构的用钢量仅占钢材总产量的 1.5% 左右，按照国家制定的我国建筑钢结构产业"十五"计划和 2010 年发展规划纲要，在"十五"期间建筑钢结构的发展目标，争取达到每年建筑钢结构用钢材占全国钢材总产量的 3%，2010 年争取每年全国建筑钢结构的用钢量达到钢材总产量的 5% 左右，即年均钢材的消费量为 $5 \times 10^6 \sim 6 \times 10^6$ t，钢结构行业在最近几年必将获得一次巨大的飞跃。虽然这一比例与发达国家还相差甚远，但是，今后我国的建筑钢结构必将得到前所未有的发展，市场前景广阔。

（二）具备了必要的物质基础

20 世纪 80 年代以来，我国的钢铁工业持续发展。自 1996 年起，我国钢材的年产量连续多年超过 1×10^8 t，成为世界上钢产量最多的国家，市场供应充足。国产的普通碳素钢和低合金钢的主要性能基本能满足钢结构建筑的要求。国内长期空缺的 H 型钢，现在已在马钢、莱钢和鞍钢等生产，最大截面高度为 700 mm，年产能力达 14×10^5 t。随着宝钢、武钢等彩涂钢板生产厂的投产，各类彩板、镀锌薄板等板材有了很大的发展，逐渐掀起了一个发展研究彩板在建筑业中应用的高潮，并随之不断推广应用。50 多个主要钢铁企业较均匀地分布在全国各地区，钢材的供应比较便捷，这些为较快地发展我国的建筑钢结构提供了基本的物质基础。

（三）具备了必要的技术基础

从发展钢结构的技术基础来看，在普通钢结构、薄壁轻钢结构、门式刚架轻型房屋钢结构、压型钢板结构、网架结构、高层民用建筑钢结构、钢结构焊接和高强度螺栓连接、钢与混凝土组合楼盖、钢管混凝土结构及钢骨（型钢）混凝土结构等方面的设计、施工、验收的规范规程及行业标准已发行 20 余本。有关的钢结构规范规程还在不断地修订、更新和完善，为建筑钢结构体系的应用奠定了必要的技术基础，为设计、制作、安装提供了依据。各种高层钢结构、轻型钢结构、空间网格结构等国内、国外的专用设计分析软件陆续投入市场，如 STS、3D3S、MSTCAD、STAADIII 及 ANSYS 等，可以满足当前各类钢结构的设计和分析的需要。国内的一些科学研究院所、相关高等院校及钢结构企业等单位，在钢结构技术的开发和应用中进行了卓有成效的科研工作，取得了一大批研究成果，为我国的建筑钢结构的发展提供了必要的技术基础。

（四）具备了必要的经济基础

目前，国内的门式刚架轻型钢结构建筑和压型钢板拱壳结构建筑的单位面积造价，已能与同类的单层钢筋混凝土结构建筑和砌体结构建筑大体持平，有些甚至更低，而且这类轻型钢结构建筑具有商品化程度较高、制作和安装速度快、施工工期短、投资回收快、外形美观等许多优点，因此，门式刚架轻型钢结构建筑和压型钢板拱壳结构建筑具有明显的优势和非常强的竞争能力。随着我国的钢材产量和质量持续提高，其价格正逐步下降，钢结构的造价也相应有较大幅度的降低，为我国的建筑钢结构的发展提供了必要的经济基础。

二、发展速度较快

由于我国已经具备了长期发展钢结构建筑而形成的基本条件，近几年我国的钢结构建筑出现了非常好的势头，其发展速度之快从以下几个方面表现出来。

（一）轻钢结构当前发展最快

目前全国已建成门式刚架结构的建筑面积达 600 万 m^2，每年的增长量约为 70 万 m^2。1997 年在芜湖建成的整体连片门式刚架厂房建筑面积达 7.6 万 m^2，1998 年在北京西郊机场建成的 72 m 跨的门式刚架机库是目前国内跨度最大的一个。已建成的压型钢板拱壳结构的建筑面积达 200 万 m^2，每年的增长量约为 60 万 m^2。门式刚架、压型钢板拱壳等结构是我国轻钢结构的主体，目前国内的轻钢结构建筑每年的总增长量约为 200 万 m^2。

（二）大跨度钢结构应用广泛

近年来我国的大跨度钢结构在体育馆、会展中心、展览馆、车站及候机楼等大空间公共建筑中应用广泛，有较大的发展。目前全国已建成的各类网架、网壳结构约 10 000 余幢，其中网壳结构占 4% 左右，约为 400 余幢，总建筑面积约 1 200 万 m^2，年增长建筑面积为 80~100 万 m^2。在云南玉溪建成的连片网架厂房建筑面积达 12 万 m^2，1999 年新建成的厦门机场太古机库的网架为（155+157）m×70 m，是目前国内跨度最大的单体网架建筑，1998 年建成的长春体育馆，平面为 120 m×166 m 枣形，是我国目前跨度和覆盖建筑面积最大的网壳结构。其它大跨度空间钢结构还包括悬索及斜拉结构、膜和索膜结构、预应力拱结构、立体桁架及索穹顶结构等，在国内应用也较多。

（三）高层钢结构建筑近年来发展迅速

20 世纪 80 年代，我国建成的 12 幢高层钢结构建筑，其中最高的是京广中心为 57 层，高 208 m。自 1990 年以来，我国已建成和正在设计的高层钢结构建筑（含钢–混凝土组合结构）增至 50 多幢。1998 年建成的上海金茂大厦为 88 层、高 420 m，是目前国内最高的建筑，世界高度第三。正在建造的上海环球金融中心为 94 层、高 466 m，将于 2005 年建成。但这些超高层的钢结构建筑多数都是国外设计的。近年建成的高达 200 m 的大连远洋大厦高层钢结构建筑，其设计、制作、安装和材料已全部由国内承担和供应，说明我国完全有能力自己来建造超高层的钢结构建筑。

（四）住宅钢结构正在起步

国家为加快住宅产业现代化的步伐，采取了一系列的措施，不但明确提出要积极合理地扩大钢结构在建筑中的应用，同时，还明确规定了被淘汰建材品种及淘汰的时间表：即从 2000 年起 3 年里在住宅建筑中逐渐禁止使用实心粘土砖，代之以其它的建筑材料。钢结构住宅建筑体系以其外形美观、室内空间大、结构部件轻、抗震性能好、工业化程度高、施工周期短及占用面积小等一系列优势，在建筑市场中展示出其广阔的应用及发展前景，成为替代现有小砖住宅的主要体系之一。目前，北京、上海、天津、山东等省市已开始进行钢结构住宅的试点工程，其中，北京金宸公寓已被列为建设部住宅钢结构体系示范工程。我国住宅钢结构的研究和开发进入了实施阶段。

三、发展中存在的问题

（一）钢结构企业规模小，技术水平差距大

近年来，随着国内的钢结构市场的不断扩大，各地新建和转产的钢结构制作安装企业迅速增多。包括普钢、轻钢、网架及拱壳在内的各类钢结构企业，至今已发展到约 700 余家。如徐州一地就有各种网架厂 70 多家，既有国内知名的大型企业，也有不少个人承包的私人作坊。目前，国内的这些钢结构企业中，年产量在 3 500 t 和 10 000 t 以上的中型和大型企业只占 20% 左右，其它均属小型企业。对于钢结构制作安装企业资质等级的划分，除部分的钢结构制作企业套用一般施工企业的资质标准获得了资质等级外，多数的企业都

在建筑市场上无区别地承担着钢结构工程。一些小规模的钢结构制作企业，由于缺少必要的专业技术人员，制造设备和手段落后，管理制度不健全，工程质量得不到保证。

（二）专业人员的素质有待提高

钢结构在建筑工程中属于技术要求高且较复杂的一种结构。由于钢结构建筑近些年才在我国逐步得到较快的发展和应用，现有的一些专业人员过去对钢结构建筑接触得不多，对其普遍不熟悉，能适应钢结构工程建设需要的不多。从国内院校的专业教育看，教材中没有完全反映钢结构的前沿技术和新的科研成果，钢结构的人才培养不够。目前，国内还缺乏大量的钢结构设计、制作、安装及管理等各类专业技术人才。随着现代钢结构的新技术、新材料、新结构的不断发展和应用，能适应现代钢结构工程建设需要的高水平的专业技术人员显得更加匮乏。

（三）专业设计能力及管理滞后

由于钢结构工程的专业性强、技术要求高，对于轻型钢结构、网架结构及拱壳结构等工程，其设计、制作和安装应由具有资质的钢结构制作企业一体化承担。但是，一些不具备设计资质的制作企业，只能采取从有资质的设计单位"买图签"的办法来解决出图问题，而提供图签的某些设计单位有的对钢结构业务并不熟悉，使审图常常流于形式。还有些设计单位在设计网架结构等钢结构工程时，通常下部的土建部分由自己设计，把上部的网架及屋面部分则包给网架制作企业设计，但有些网架制作企业不具备设计资质或设计能力有限，造成工程设计的质量得不到保证。

（四）制作能力供大于求，市场竞争激烈

目前国内现有的钢结构制作企业的总生产能力已超过了当前社会的总需求，市场竞争激烈。由于缺乏有效的行业管理和必要的手段，因而一些不规范的无序的市场竞争普遍存在。有些企业为了能接到工程，把钢结构工程的价格已压到接近生产成本，因而企业的利润低，偷工减料、以次充好、偷梁换柱等现象时有发生，企业对改进生产工艺、建立质保体系很难实现，工程质量不能得到保证，直接影响到我国新兴的钢结构行业的正常发展。

四、发展建筑钢结构需要重视的几个问题

（一）应加大推广建筑钢结构的宣传力度

目前，钢结构行业的竞争非常激烈。这种竞争，不仅来自行业内各企业之间，更重要

的还来自于钢结构与混凝土结构这两种建筑结构之间的竞争。过去，由于我国的钢产量较低，建筑用钢不得不受到限制，我国传统的建筑大都是采用混凝土结构或砌体结构。目前，我国的钢产量已跃居世界首位，具备了持续发展建筑钢结构必要的物质基础和技术条件。但是，由于传统观念及其它诸多原因，人们对钢结构建筑诸多方面的优越性认识不够，对钢结构建筑还存在着种种疑虑，一些工程还不能采用最优方案的钢结构体系，存在着转变观念的问题。目前，我国建筑钢结构在整个建筑中所占的比例还很小。日本、美国、德国等经济发达国家，钢结构建筑要占整个建筑的 40% 以上，而我国只占 5% 不到。由此可见，今后我国的建筑钢结构市场有着巨大的发展空间。因此，行业管理部门和社会各界应加大推广建筑钢结构的宣传力度，让更多的建设单位、设计单位、政府有关人员和广大用户了解钢结构，推广使用钢结构。

（二）政策上要给予支持和倾斜

我国的钢年产量已连续多年超过 $1×10^8$ t，完全称得上是一个"钢材大国"。但任何产品的发展，都有赖于适销对路。一方面要依靠钢结构企业自身的努力，另一方面也需要政府在政策上给予一定的扶持，这种政策扶持包括：

（1）在建设发展规划方面，把钢结构技术的发展列入国家建筑技术的发展规划。

（2）在科研经费和项目审批上，对发展钢结构给予更多支持。

（3）在土地征用、税收等方面给予优惠，以降低钢结构工程的建设成本。

（4）在工程建设中大力推广国产钢材。

通过政策扶持，为我国钢结构建筑的发展和应用提供有利的条件和良好的环境。

（三）对钢结构造价问题的认识

对于钢结构与混凝土结构的造价问题，要有一个全面和客观的认识，应考虑一个结构的系统优势及其综合效益。如果只单纯考虑结构的造价，纯钢结构约为混凝土结构造价的 2 倍左右，钢-混凝土组合结构约为混凝土结构造价的 1.5 倍左右。通常，一个高层建筑工程的总投资，包括工程造价、动迁费用及征地费用等方面，工程造价只占工程总投资的 50% 左右。而工程造价又包括结构造价、装饰费用及设备费用等，结构造价只占工程造价的 30% 左右。而结构造价又分上部结构和基础造价，上部结构造价仅占结构造价的 50%~70%。钢结构只是工程的上部结构，在工程的总投资中仅占 10% 左右。因此，高层建筑采用钢结构与采用混凝土结构之间的差价所占工程总投资的比例相对很小，一般在工程总投资的 4% 左右。然而，钢结构建筑具有自重轻、强度高、节约基础造价、增加建筑有效使用面积、施工速度快、缩短工期、投资回收快、环境污染少及抗震性能好（日本神户以及中国台湾的地震资料显示，混凝土结构的房屋损坏和倒塌的情况严重，而钢结构房屋则相对较轻）等许多优势，所以两种结构的综合经济效益基本持平，甚至采用钢结构建筑具有更好的综合经济效益。因此，对于钢结构的造价问题，要有一个全面的和客观的认识。

（四）大力培养专业技术人才

钢结构建筑体系是一个技术要求较高、相对比较复杂的系统工程，需要一批不同岗位的专业技术人才，承担各种责任岗位的工作。为了缓解目前国内钢结构专业人员的素质与快速发展需要的矛盾，应大力培养大批的各种钢结构专业技术人员，还要培育一批钢结构的建筑大师、结构大师、制作安装专家等高水平的专业技术人才。要加强对现有的钢结构从业人员实行钢结构工程技术的继续教育，钢结构基础知识系统化，并补充必要的新知识、新技术、新方法，不断提高业务素质。此外，要进一步研究钢结构在各类建筑中应用的新体系，扩大应用范围；完善有关钢结构的设计规范和标准，并与国际接轨；开发一流的设计软件，以充分满足各种钢结构设计、制作的需要，促进我国钢结构建筑行业的健康发展。

（五）加强行业管理

鉴于目前钢结构建筑发展中存在的一些不容忽视的问题，国家有关部门应对钢结构行业实施有效的宏观管理，以引导该行业在市场经济条件下的正常发展。对钢结构企业实行一体化的资质管理体系，建立钢结构企业的审批标准和施工许可证制度。钢结构企业要实行设计、制作和安装一体化生产，应以设计牵头，加强制作安装的管理，从而较好地控制钢结构工程的质量。建立健全工程设计的审查制度，使大型工程的设计置于国家监督之下。应加强对钢结构工程施工报价的管理，要限定确保工程质量的最低报价，制止以违背价值规律、忽视工程质量的不正当竞争报价的发生，以加速我国建筑钢结构行业的规范管理。

企业要建立技术创新机制，加大技术进步的投入，使企业成为技术进步和技术创新的主体，提高企业在市场的竞争能力。要努力提高企业全体职工的素质和经济管理水平，通过管理增效益。我国应建立一批技术先进、设计制作安装一条龙、能提供系列产品的大型钢结构集团公司，在国内市场占主导地位，在国际市场占有一定份额，争取建筑钢结构达到国际水平。

（六）不断提高国产钢材的竞争力

我国是一个钢铁大国，但还不是钢铁强国。我国的钢铁业存在着明显的弊端，技术落后，与国外钢材相比，国产钢材在质量、品种、规格和价格等方面，还缺乏竞争优势。在薄板方面，澳大利亚、韩国、日本等彩涂薄钢板，在质量上明显优于国产，尽管价格偏高，但许多工程仍采用。在厚板方面，质量问题更多一些，突出的是抗拉和屈服强度偏低、化学成分不均匀、可焊性差，常出现分层、裂缝、偏析等缺陷，有些工程因厚板的质量不过关，造成质量问题，不得不另选进口钢材。在型材方面，国产轧制 H 型钢与进口的相比，不仅价格高，质量也不如进口的，同时，H 型钢的规格也不全。目前国内生产的轧制 H 型钢，最大的在 700 mm 以下，如需 800 mm 以上的还需进口。据国内一家贸易公司统计，每年销售的 H 型钢，进口占 60%、国产占 40%，原因是国产 H 型钢在质量、价格、规格上还不能满足需要。因此，如果国产钢材在品种、规格、质量和价格等方面都有优势，那么，不仅在与进口钢材竞争上能取胜，而且在与传统的混凝土结构的竞争上同样地能取胜。这是钢材生产企业面临的挑战，也是促进建筑钢结构行业发展的基本条件。

我国钢结构建筑的发展形势很好，21 世纪将是钢结构快速发展的时期。长期以来，由混凝土结构、砌体结构一统天下的局面必将发生变化。钢结构建筑以其自身的优越性，在我国的工程建设中所占的份额必将越来越大，应用范围也越来越广泛。随着国家扩大内需的政策、北京申奥成功、西部大开发战略的实施和城市化进程的加快，这些都将为国内的钢结构建筑提供广阔的市场空间和发展机遇。只要加强领导，合理规划，积极组织，政府、行业、企业共同努力，产、学、研紧密结合协作，全面提高行业素质和科技水平，我国钢结构建筑市场的发展空间巨大，前景非常广阔。

参考文献

[1] 李艳荣. 建筑工程项目管理组织结构的设计 [J]. 建筑技术, 2016, 47 (6)：565-567.

[2] 褚洪臣, 李兰银, 巩法慧, 等. 建设项目施工阶段的工程造价管理 [J]. 水力发电, 2012, 38 (5)：13-15.

[3] 齐先有, 崔建华, 李征, 等. 项目成本管理控制在工程中的应用 [J]. 建筑技术, 2012, 43 (11)：1035-1036.

[4] 谢文. 建筑工程设计质量的控制 [J]. 湘潭师范学院学报（自然科学版）, 2005, 27 (3)：93-95.

[5] 冯一晖, 沈杰. 招标控制价的有关问题研究 [J]. 工程管理报, 2010, 24 (4)：355-358.

[6] 韩美贵. 分析招标控制价的作用与编制原则探讨 [J]. 科技管理研究, 2010, 30 (9)：201-203.

[7] 张福玉. 建设工程招投标中常见问题及处理措施 [J]. 中国矿山工程, 2014, 33 (5)：43-45.

[8 杨之宇. 试论建筑工程质量监督管理体系 [J]. 建材发展导向, 2013, 11 (7)：130-131.

[9] 丁平. 浅谈房屋建筑工程中常见缺陷的技术弥补措施 [J]. 山西建筑, 2011, 37 (25)：90-91.

[10] 方健燕. 简述建筑设备安装工程质量通病的防治 [J]. 广东建材, 2016, 32 (03)：26-29.

[11] 马心俐. 山东改造工程旧房质量检测 [J]. 山西建筑, 2007, 33 (22)：89-90.

[12] 魏文萍. 建筑工程管理的影响因素与对策 [J]. 财经问题研究, 2015, 37 (1)：69-72.

[13] 江伟. 建筑工程施工技术及其现场施工管理探讨 [J]. 江西建材, 2016, 36 (2)：96, 100.

[14] 李浩明. 浅析建筑工程施工质量控制措施 [J]. 科技信息, 2012, 29 (31)：397.

[15] 唐坤, 卢玲玲. 建筑工程项目风险与全面风险管理 [J]. 建筑经济, 2004, 25 (4)：51-54.

[16] 冯延业. 分析建筑工程管理现状及对策 [J]. 商品混凝土, 2013, 10 (1)：98, 101.

[17] 梁思成. 中国建筑史 [M]. 天津：百花文艺出版社, 1999.

[18] 丁洁民, 赵晰. 职业结构工程师业务指南 [M]. 北京：中国建筑工业出版社, 2013.

[19] 罗福午, 主编. 建筑工程质量缺陷事故分析及处理 [M]. 武汉：武汉工业大学出版社, 1999.

[20] 王赫. 建筑工程事故处理手册 [M]. 北京：中国建筑工业出版社，1994.

[21] 范锡盛. 建筑工程事故分析及处理实例应用手册 [M]. 北京：中国建筑工业出版社，1994.

[22] 邵英秀. 建筑工程质量事故分析 [M]. 北京：机械工业出版社，2003.

[23] 田月华. 混凝土施工质量控制 [M]. 西安：西安建筑科技大学，2005.

[24] 李冬瑾. 建筑工程施工项目质量过程控制 [M]. 西安：西安建筑科技大学，2003.

[25] 龚洛书，柳春圃. 轻集料混凝土 [M]. 北京：中国铁道出版社，1996.

[26] 王恩华. 建筑钢结构工程施工技术与质量控制 [M]. 北京：机械工业出版社，2010.

[27] 李虹. 建筑工程质量管理有效性分析及研究 [D]. 内蒙古大学，2012.

[28] 张燕芳. 建筑工程施工质量管理的研究与实践 [D]. 华南理工大学，2013.

[29] 张燕芳. 建筑工程施工质量管理的研究与实践 [D]. 华南理工大学，2013.

[30] 刘世荣. 建筑工程施工质量管理改进对策实证研究 [D]. 长安大学，2014.

[31] 尹航. 基于 BIM 的建筑工程设计管理初步研究 [D]. 重庆大学，2013.

[32] 包晗. 现代建筑设计院建筑设计项目管理的研究 [D]. 吉林大学，2013.

[33] 郭静. 基于模糊粗糙集的建筑施工项目质量评价研究 [D]. 西安建筑科技学，2014.

[34] 吕凯. 市政工程项目设计质量评价研究 [D]. 山东大学，2014.

[35] 张剑. 建筑工程项目施工质量控制与研究 [D]. 沈阳大学，2014.

[36] 杨志冰. 建设工程合同法律风险防范研究 [D]. 华中科技大学，2014.

[37] 刘军. 关于工程招标投标程序管理的分析和研究—谈国家投资建设工程招标投标的管理 [D]. 成都：四川大学士，2005.

[38] 崔华东. 建筑工程施工质量验收规范体系的划分研究 [D]. 浙江大学，2007.

[39] 邢新建. 建筑工程质量创优对策研究 [D]. 西安建筑科技大学，2007.

[40] 胡世琴. 高层建筑施工过程混凝土质量控制研究 [D]. 西安建筑科技大学，2007.